"十三五"国家重点出版物出版规划项目

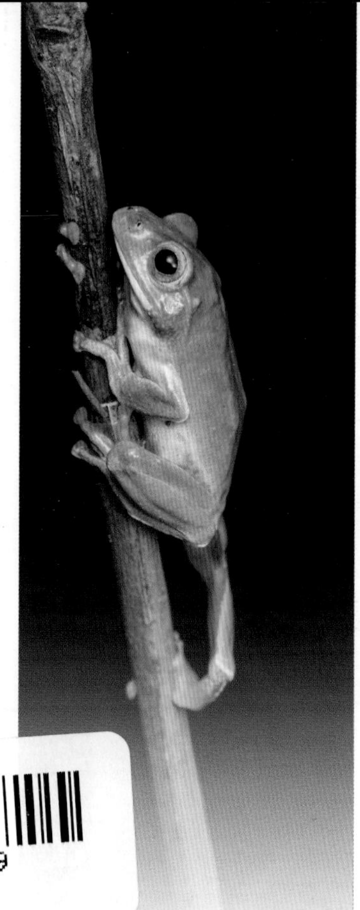

常见两栖动物
野外识别手册

史静耸　著

重庆大学出版社

图书在版编目（CIP）数据

常见两栖动物野外识别手册/史静耸著. --重庆：
重庆大学出版社，2020.12（2022.11重印）
（好奇心书系·野外识别手册）
ISBN 978-7-5689-2425-2

Ⅰ.①常… Ⅱ.①史… Ⅲ.①两栖动物—识别—手册
Ⅳ.①Q959.5-62

中国版本图书馆CIP数据核字（2020）第269170号

常见两栖动物野外识别手册

史静耸 著

策划：鹿角文化工作室
守护荒野 乌鲁木齐沙区荒野公学自然保护科普中心

责任编辑：梁 涛　　版式设计：周 娟 刘 玲 何欢欢
责任校对：关德强　　责任印制：赵 晟

*

重庆大学出版社出版发行
出版人：饶帮华
社址：重庆市沙坪坝区大学城西路21号
邮编：401331
电话：(023) 88617190 88617185
传真：(023) 88617186 88617166
网址：http://www.cqup.com.cn
邮箱：fxk@cqup.com.cn（营销中心）
全国新华书店经销
重庆五洲海斯特印务有限公司印刷

*

开本：787mm×1092mm 1/32 印张：10.25 字数：322千
2020年12月第1版 2022年11月第4次印刷
ISBN 978-7-5689-2425-2 定价：58.00元

推荐序

在第六次生物大灭绝到来之前，人类已经开始认识并开始重视生物多样性的保护问题。而厘清物种间的系统关系，并对其进行分类与辨别，则是保护这些物种的前提。两栖动物是生物多样性的重要组成部分，也是我们最为熟知的脊椎动物类群之一。随着系统分类学理论、技术和方法的发展，近年来涌现出了大量的新物种，到目前为止已经多达 8 300 余种。我国是全世界生物多样性最为丰富的少数几个国家之一，国内分布的两栖动物多达 500 多种，遍布大江南北、栖息于森林、草原、农田和湖泊、江河、池塘等各种环境。其中，中国大鲵、中国小鲵、辽宁爪鲵、峨眉髭蟾、务川臭蛙、海南湍蛙，更是我国特有的珍稀和濒危物种。

“青草池塘处处蛙”，这句描绘两栖动物自然生活的诗已流传数百年。很多人对两栖动物的印象也许还停留在童年乡下稻田或是池塘的蛙鸣声中。而如今，随着城市化的推进，稻田蛙鸣已逐渐被车水马龙的喧嚣所取代。

两栖动物是脊椎动物进化历程中从水生到陆生演化的过渡性类群，是食物链中重要的一环，在控制着昆虫数量的同时，也为很多动物提供了食物来源。此外，它们也是重要的环境指示物种，生态环境的变化和人类活动很容易在两栖动物的种群上得到反馈。因此，关注和保护两栖动物，对于我们有着举足轻重的意义。

2021 年，联合国《生物多样性公约》第十五次缔约方大会（COP15）将在我国召开。这次大会将制订“2020 年后全球生物多样性框架”，是继“爱知目标”后，全球新的 10 年生物多样性保护行动计划。值此之际，我非常高兴地看到我的硕士研究生——史静耸同学完成的《常见两栖动物野外识别手册》。该书集科学性和艺术性于一体，图文并茂，不仅对普及两栖动物多样性

知识和提高民众保护意识有着积极的作用，同时也具有很高的实用性和收藏鉴赏价值。

作为一本适用于大众阅读的自然和生物多样性类书籍，我很乐意向大家推荐。

二级教授、博士生导师

沈阳师范大学两栖爬行动物研究所 所长

Foreword 前言

“青草池塘处处蛙”，这句描绘两栖动物自然生活的诗已流传数百年。也许，大部分人对两栖动物的印象还停留在童年乡下稻田或是池塘间的蛙声中。而如今随着城市化的推进，稻田蛙鸣已逐渐被车水马龙的喧嚣所取代。即便如此，两栖动物依然在不同的地方繁衍生息，近至城市公园，远至人迹罕至的山区、平原。保护野生动物、保护两栖动物已经越来越受到人们的重视；而发现它们、认识它们，则是保护它们的第一步。

在我们生活的星球上，栖息着 8 000 多种形态各异的两栖动物。我国是生物多样性大国，目前已知的两栖动物记录多达 500 余种，其中不乏峨眉髭蟾、务川臭蛙、龙洞山溪鲵这样的中国特有珍稀物种。

我国对两栖动物的研究历史可追溯至 20 世纪，较为系统、全面的中国两栖动物多样性的著作包括《中国无尾两栖类》（刘承钊等，1961）、《中国动物志　两栖纲》（上中下卷）（费梁等，2009）、《中国两栖动物彩色图鉴》（费梁等，2010）、《中国两栖动物及其分布彩色图鉴》（费梁等，2012）等。此外，“中国两栖类”网站也对中国本土两栖动物进行了全面、系统的收录。上述书籍和网站覆盖面广，专业性强，对科学研究和野外工作有重要参考意义，但因专业著作信息量较大，纸质书籍的体积和重量较大，野外携带存在一定的不便，简洁、轻便的小手册更适合野外随身携带，实时鉴定。因此，《常见两栖动物野外识别手册》也就应运而生。

本书的分类系统参照截至 2020 年 11 月的“中国两栖类”网站及“AmphibiaWeb”网站。物种描述的术语参照书籍《中国动物志　两栖纲》（上中下卷）（费梁等，2009）及《中国两栖动物检索及图解》（费梁等，2005）。

本书收录了在中国分布的300余种两栖动物，约占中国两栖动物种类总数的一半，绝大多数的科、属均有所涵盖。其中，着重收录了中国特有物种，同时也介绍了一些常见的外来引进、入侵物种。

希望本书能为摄影爱好者、户外探险爱好者、野生动物保护者、林业部门及海关从业人员在两栖动物的观察、识别和鉴定方面提供一定的帮助。

感谢重庆大学出版社责任编辑梁涛老师，美术编辑朱俊江、何欢欢、刘玲对本书的倾力打造，感谢张巍巍先生提供平台并协助征集照片。感谢诸多同行好友提供了他们在野外拍摄的珍贵且高质量的两栖动物照片，并在物种鉴定方面给予的帮助。在他们的帮助下，本书方能最终出版。

本书中部分青海、西藏及云南两栖物种拍摄工作得到“第二次青藏高原综合科学考察研究”项目资助（专题编号：2019QZKK0705）。

由于图片征集条件和个人学识所限，本书所收录的种类及数量也有一定的限制，一些错漏和未能即时更新的物种多样性信息在所难免，恳请广大读者批评指正！

史静耸

2020年10月1日

目 录 CONTENTS

AMPHIBIANS

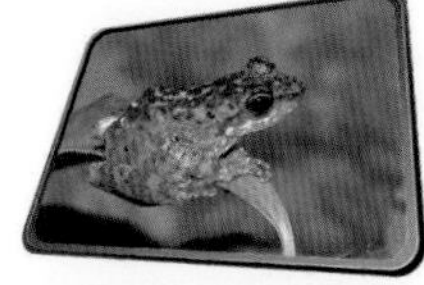

入门知识

Introduction

·什么是两栖动物·

说起两栖动物，可能大部分人会顺理成章地认为，两栖动物就是既能在水里生活，又能在陆地上生活的动物。然而，这并不是对两栖动物严谨的定义。从科学的角度来说，两栖动物是一类原始的、有五指型附肢的变温四足动物，皮肤裸露，其个体发育要经历变态过程：卵和蝌蚪生活在水环境中，以鳃呼吸；经过变态发育，成为以肺呼吸且能在陆地上生活的幼体，进而发育成可以繁殖的成体。简而言之，两栖动物可以通俗地概括成“小时候在水里生活，长大之后可以在陆地上生活”的脊椎动物。当然，也有一些两栖动物是终生生活在水里的。

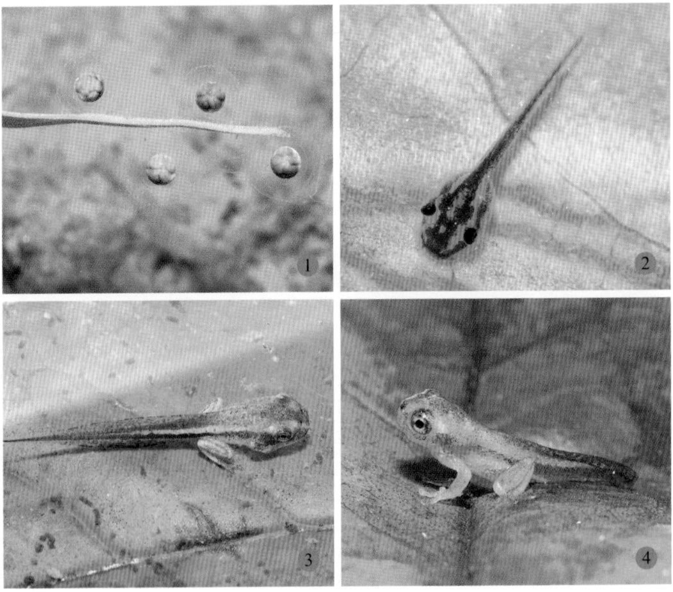

1 2 3 4

● 两栖动物一生中经历的变态发育（中国雨蛙）
中国雨蛙的生活史：1. 卵；2. 初期蝌蚪；3. 长出后肢的蝌蚪；4. 长出四肢的蝌蚪；5. 刚上岸的幼蛙；6. 幼蛙生长一段时间之后，体色接近成蛙；7. 成蛙求偶；8. 成蛙交配（抱对）

·两栖动物的起源、分类系统及多样性·

古生物学家对化石的研究表明，两栖动物是最早摆脱水生环境登上陆地的脊椎动物。早期四足动物登陆，是生命演化历史上一个开天辟地的里程碑事件。20 世纪 30 年代在格陵兰岛的上泥盆统沉积岩中发现的鱼石螈化石，是目前认为最早的两栖动物化石记录，距今约 3 亿 6 000 万年。虽然鱼石螈的手指和脚趾都多于 5 根（6 根手指和 8 根脚趾），但它们拥有典型五指型四足动物的四肢结构。鱼石螈的出现，揭开了石炭纪和二叠纪两栖动物和爬行动物统治地球的序幕。

虽然说两栖动物是脊椎动物从水到陆的“先锋”，但它们仍保留了一些原始的特征，其生长和繁殖在一定程度上仍然依赖于水环境。直到羊膜卵在爬行动物中首次出现，才标志着脊椎动物能够完全脱离水环境，进而占据陆生环境（关于爬行动物的起源和演化，可参照《常见爬行动物野外识别手册》）。

目前，根据世界范围内公认的两栖动物分类系统，两栖动物纲下分为 3 个目，即蚓螈目、有尾目和无尾目。在我国，蚓螈目仅有版纳鱼螈 1 种，而有尾目和无尾目种类相对繁多。费梁等所著《中国两栖动物及其分布彩色图鉴》（2012 年出版）中，收录中国两栖动物共计 370 余种。此后，随着调查的不断深入，更多的新种、新纪录不断地被发现。截至“中国两栖类”网站 2020 年底的统计，中国两栖动物记录已超过 560 种；而根据“AmphibiaWeb”网站 2020 年底的统计，全世界两栖动物已超过 8 300 种。

·如何观察和描述两栖动物·

本节主要介绍两栖动物的一般身体结构，以及观察和描述两栖动物的要点。

两栖动物的身体主要可以分为头部、躯干、尾部、四肢等几个部分。

• 头部

头部的长宽比常用于描述两栖类头部的外形特征，头部的外形一般分为头长大于头宽、头长小于头宽、头长（近似）等于头宽 3 种情况。对眼部的观察，主要在于瞳孔形状（圆形、纵置、横置等）及虹膜颜色（上下虹膜是否有分色现象）等。一些无尾两栖类眼后方有鼓膜，其存在与否、大小和明显程度因种类而异。蟾蜍科成员鼓膜后方多有耳后腺，是储存毒素的器官。一些角蟾科、树蛙科物种的眼睑上方还有角状肉质突起。

一些有尾两栖类上唇边缘有肉质扁平突起，称为唇褶；颈部两侧的皮肤褶皱，称为颈褶。

● 头部（喜山蟾蜍）

声囊是无尾两栖类鸣叫的重要器官之一。根据数量可以分为单声囊和双声囊；根据形态又可分为内声囊和外声囊。声囊一般位于咽喉下方或两侧。声囊的有无、形态及位置是两栖动物重要的分类依据。

● 单咽下内声囊（小口拟角蟾）

● 双咽侧外声囊（中亚侧褶蛙）

● 单咽下外声囊（华南雨蛙）

● 双咽下内声囊（武夷湍蛙）

• 躯干和尾部

对两栖类躯干的基本描述，主要包括背面、腹面和侧面颜色等，一些蛙类背部中线处具浅色的条纹，称为脊线，脊线处棱状突起称为背脊棱。此外，有没有背侧褶，也是无尾两栖动物中常用的鉴别特征。

多数有尾两栖类体侧相邻肋骨之间均有沟槽，称为肋沟。肋沟的数量是有尾两栖类的重要鉴别特征。

在有尾两栖类中，尾部背面和腹面的鳍状延伸称为尾鳍褶，在游泳过程中起到划水的作用，位于背面的称为尾背鳍褶，位于腹面的称为尾腹鳍褶。

● 全身（沼水蛙）

● 全身（太白山溪鲵）

• 四肢

对四肢的描述，主要在于四肢背面 / 腹面的色斑（如是否有深色横纹等）。两栖类四肢形态因种类而异，一般来说，擅长跳跃的两栖类前肢细弱，后肢长而粗壮，反之四肢短粗。另外一些物种雄性前肢在繁殖季节会变粗壮，这可能与抱对的行为相适应（如拟髭蟾属）。一些雄性无尾两栖类内侧指上具有婚刺，另在繁殖季节胸部会出现刺团。婚刺和刺团仅在雄性个体中出现，抱对时起到增大摩擦力、防止滑脱的作用。

手部和足部的观察要点包括指间 / 趾间是否有蹼、指端 / 趾端吸盘的发达程度等。蹼的发达程度可用无蹼、微蹼、半蹼、满蹼、全蹼等描述。一般而言，擅长游泳的水栖蛙类足蹼较为发达，一些擅长滑翔的树栖蛙类手、足蹼皆发达（如黑蹼树蛙）。吸盘是指位于无尾两栖类指、趾末端的圆盘状膨大结构，树栖或靠近急流栖息的两栖类的指、趾端吸盘往往较为发达，如树蛙和湍蛙等。

此外，两栖类手部、足部及关节下瘤、掌突、内 / 外跗突等，这些特征常用于物种分类鉴定。

● 两栖类前肢腹视图（雄性九龙棘蛙）

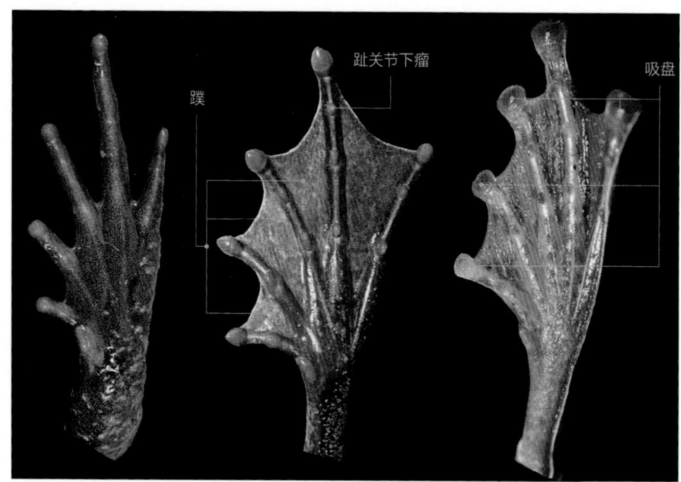

● 两栖类足（从左至右分别为无蹼齿蟾、竹叶臭蛙及白颌大树蛙）

为方便读者理解，本书省略了部分不常用的术语，而保留了一些常用且通俗易懂的特征的介绍。本书中常用的术语所对应的位置见本节插图。

· 如何分辨两栖动物的性别 ·

大多数两栖动物雌雄个体之间在体型和体色上存在差异，这种现象称为“性二态”或“雌雄异型”，尤其到了繁殖季节，雄性会出现很多明显的第二性征。通过这些特征可以明显地将雌雄个体区分开。

• 体型

一般来说，两栖类雌雄个体大小会存在一定的差异，雌性为了能够产下更多的后代，往往拥有比雄性更加肥大的体型，如大多数的蛙科、树蛙科和蟾蜍

科成员；而也有一些类群的雄性个体大于雌性，这可能是为了在选择和争夺配偶中占据更多的优势，如角蟾科的一些种类。

• 婚刺和刺团

大多数雄性蛙类成年后，拇指、食指内侧会有细密的刺状突起，称为婚刺；位于胸部的成团的刺状突起，称为刺团。雄性的婚刺和刺团，可以在抱对的过程中增大自身与雌性体表之间的摩擦力，防止滑落，是鉴别无尾两栖类雌雄的关键特征。

• 婚色

一些无尾两栖类的雄性个体到了繁殖季节，体色会变得异常鲜艳。如分布于我国新疆和欧洲的田野林蛙，在繁殖期间体色会变为淡蓝色；而分布于云南的司徒蟾蜍，其雄性个体在繁殖季节全身都变为金黄色，成群出现在水源附近，

● 抱对中的花背蟾蜍（上雄下雌）

● 繁殖季节雄性司徒蟾蜍的“婚色”

● 抱对的绿臭蛙，雌性体型明显大于雄性

格外鲜艳、醒目。但一些蟾蜍不论是否处于繁殖期，都可以通过外观来判断性别，如花背蟾蜍：雄性花背蟾蜍体背多为暗绿色或黄褐色，吻端略尖；而雌性多为青灰色，有醒目的红褐色斑点，吻端较钝。

• 角质刺

拟髭蟾属的雄性个体在繁殖季节，上唇缘会出现坚硬的黑色角质刺，最为著名的就是“胡子蛙”——峨眉髭蟾。这种角质刺一般被认为是雄性之间争夺配偶和领地的战斗“武器”。

• 增大的前后肢

角蟾科一些物种在繁殖季节，雄性前肢会明显变强壮；而雄性辽宁爪鲵在繁殖季节后肢会变得十分肥厚。

另外，如果有幸看到抱对的无尾两栖动物，那么位于上方的绝大多数是雄性，而位于下方的是雌性。只不过，不同的两栖类抱对的方式略有不同，大多数的蛙科和蟾蜍科雄性在抱对时从背后抱住雌性胸部；而铃蟾科和角蟾科的一些物种，

● 峨眉髭蟾的性二态（左雌右雄）

抱对时雄性抱住雌性的胯部。

有尾目的疣螈在交配时，雄性在雌性身下，前肢挽在一起。

·如何寻找两栖动物·

一般来说，两栖动物皮肤裸露，角质化程度有限，不能忍受过度干燥或强光照射，因此，多数两栖动物倾向于夜间活动。而纯水栖的两栖动物活动则不受昼夜限制。因此，在两栖动物活动的季节，夜里打着手电筒在水源附近往往可以找到它们的踪迹。

夜幕降临，藏匿于石缝中的花背蟾蜍开始出来活动

虽然两栖动物耐旱能力有限，但是相对于爬行动物而言，对低温的耐受能力更强。在我国北方，观察两栖动物的最佳时期是4—10月，而在我国南方的一些地区，全年都可以发现两栖动物的踪迹。不同的两栖动物有不同的活动规律，但大多数都会在繁殖季节聚集，因此，掌握两栖动物的繁殖习性也是观察它们的要点之一。

雄性两栖动物大多通过鸣叫来寻找配偶。因此，可以在繁殖季节循着鸣叫声找到它们的踪迹。

绝大多数的两栖动物将卵产在水中。因此，繁殖季节来临，两栖动物一般会在水源处聚集。

西南地区初春的山间溪流，是峨眉髭蟾和绿臭蛙的繁殖场所

● 开阔的山间农田是很多蛙类的栖息地（西藏察隅）

● 很多树蛙喜欢栖息在气候温润的热带雨林（双斑树蛙）

种类识别

Species Accounts

蚓螈目 GYMNOPHIONA

鱼螈科 Ichthyophiidae 鱼螈属 *Ichthyophis*

版纳鱼螈 *Ichthyophis bannanicus*

体型细长，近圆柱形，雄性体长 36~38 cm，雌性略大于雄性。头小而扁平，头宽小于头长。眼小，被胶膜结构覆盖。通体皮肤光滑，有黏液，体背深褐色或灰褐色，有紫色光泽。体表有细密的环节状肋沟。体侧有 1 道浅黄色带状斑，从口角延伸至泄殖孔。腹面浅棕色或深棕色。尾端圆钝。无四肢。

栖息于海拔 1 000 m 以下的热带和亚热带潮湿地区溪流、水塘、沼泽、田边的洞穴、草木根系下方，夜间活动，主要觅食蚯蚓等。4—5 月繁殖。分布：云南、广东、广西；越南。

有尾目 CAUDATA

隐鳃鲵科 Cryptobranchidae　大鲵属 *Andrias*

中国大鲵 *Andrias davidianus* （曾用名：大鲵）

大型有尾两栖类，成体体长多超过 1 m，体重可超过 10 kg。头大，头扁平而宽阔，头长略大于头宽。体表光滑富有黏液。体色变异丰富，一般以棕褐色为主，有黑色、棕色、褐色、土黄色、灰色等；背腹面有不规则的黑色或深褐色斑纹，个别斑纹不明显。为国家二级保护动物，亦广为人工养殖、利用。

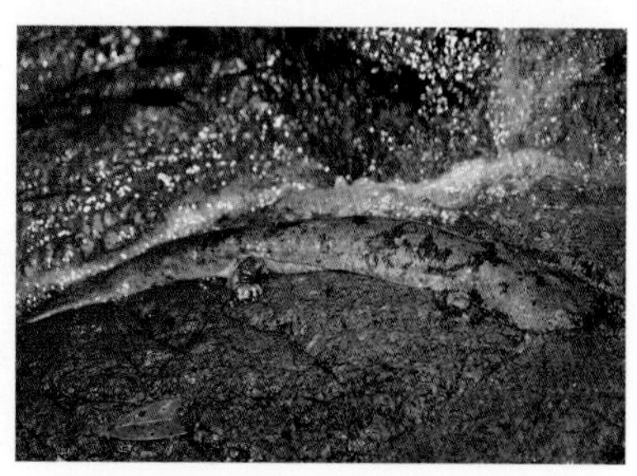

栖息于海拔 1 500 m 以下的山间河流或大型溪流环境中。分布：河南、山西、陕西、甘肃、青海、四川、重庆、云南、贵州、湖北、湖南、江西、广西。

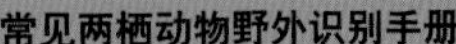

小鲵科 Hynobiidae　山溪鲵属 *Batrachuperus*

龙洞山溪鲵 *Batrachuperus londongensis*

雄性体长可达 26.5 cm，雌性略小于雄性。头较扁平，略呈锹形，头长大于头宽。吻短，吻端较圆钝。体背皮肤光滑，紫棕色，背中央有淡褐色细脊纹。一些个体有橙黄色或褐黄色斑。腹面浅紫灰色。四肢短粗，尾鳍褶较宽，末端钝圆。

栖息于海拔 1 200 m 左右泉水洞及下游河道，多见于水质清凉、石块较多的环境。分布：四川。

西藏山溪鲵 *Batrachuperus tibetanus*

雄性体长 17.5~21 cm，雌性略小于雄性。头扁平，头长略大于头宽。吻短，吻端钝圆，吻棱不明显。体侧肋沟 12 条左右。皮肤光滑，体背棕黄色、青灰色或深灰色，上有棕黑色小斑点。腹面颜色略浅于背面。尾鳍褶厚而扁平，尾末端钝圆。

栖息于海拔 1 500~4 300 m 的山区或高原，多见于石块较多的小溪中。分布：西藏、陕西、甘肃、四川、青海。

无斑山溪鲵 *Batrachuperus karlschmidti*

雄性体长可达 22 cm，雌性略小于雄性。头略扁平，略呈方形，头长大于头宽。部分个体唇褶不明显。体背黄褐色、黑褐色，无深色斑。尾鳍褶薄，只分布于尾的后段背侧。

栖息于海拔 1 800~4 000 m 的高山清澈溪流中。分布：四川、西藏、云南。

山溪鲵 *Batrachuperus pinchonii*

雄性体长可达 20 cm，雌性略小于雄性。头略扁平，头长大于头宽。部分个体唇褶不明显。体背面棕褐色或棕黄色，密布黑褐色或黄褐色斑点。

栖息于海拔 1 500~4 000 m 的山区溪流中。分布：云南。

小鲵属 *Hynobius*

猫儿山小鲵 *Hynobius maoershanensis*

体长 14~16 cm。头较大，近似三角形，头长大于头宽。体侧有肋沟 12 条。体背黄褐色，无斑点。仅腹侧有较少灰白色小斑点。

栖息于海拔 2 000 m 左右的山区沼泽环境中，雄性有护卵习性。分布：广西。

义乌小鲵 *Hynobius yiwuensis*

雄性体长 8.5~13.5 cm，雌性略小于雄性。吻端钝圆，吻棱不明显。体侧肋沟 10 条。体背面黑褐色，可随生活环境变浅。体侧、腹侧及尾侧有较多灰白色细点。腹面灰白色。四肢较为粗壮。

栖息于海拔 100~200 m 的丘陵山区，成体多栖息于腐叶堆等潮湿环境。分布：浙江。

安吉小鲵 *Hynobius amjiensis*

体长约 16 cm。外观与义乌小鲵相似，但体侧有肋沟 13 条，而义乌小鲵为 10 条。成体体背灰白色小斑点较少。繁殖季节雄性背部多为黄褐色，而雌性密布灰白色小点。

栖息于海拔 1 300 m 左右的山顶处植被茂盛的沼泽地中，多在 12 月至次年 3 月于小水坑内繁殖。分布：浙江（安吉）、安徽。

中国小鲵 *Hynobius chinensis*

体长 16.5~20 cm。头部较大，头长大于头宽。体侧有肋沟 11~12 条。通体黑褐色或黄褐色，几乎无斑点。腹面浅褐色。四肢和尾较粗壮。

栖息于海拔 1 400~1 500 m 的山区。分布：湖北。

东北小鲵 *Hynobius leechii*

体长 8.5~14 cm。头部扁平，头长大于头宽。吻钝圆。体侧肋沟 11~13 条。体背黄褐色或灰褐色，具黑色不规则点状斑。头、体、四肢及尾背面散有蓝灰色小细点。体腹面灰褐色或污白色。尾粗壮，向后逐渐侧扁，尾鳍褶明显，末端钝圆。

栖息于海拔 800 m 以下的低山丘陵间水质清澈的溪流处，3—5 月繁殖期间多将卵产于水流平缓处石块下或石缝中。分布：辽宁、吉林、黑龙江；朝鲜。

观雾小鲵 *Hynobius fucus*

体型较小，雄性体长 7.5~8.5 cm，雌性略大于雄性。吻端圆。体侧有肋沟 11~12 条。体背黑褐色，有明显白色斑点。腹面褐色，具浅黄色斑块。四肢短而肥壮。

栖息于海拔 1 200~2 100 m 的山区，多见于阴暗潮湿的石下或落叶堆环境中，有护卵行为。分布：中国台湾。

拟小鲵属 *Pseudohynobius*

黄斑拟小鲵 *Pseudohynobius flavomaculatus*

雄性体长 16~19 cm，雌性略小于雄性。头卵圆形，扁平，头长大于头宽。吻钝圆。皮肤光滑，有肋沟 11~12 条。体背紫褐色，有不规则黄色或棕黄色斑。腹面颜色浅于背面。尾后部扁平，末端钝圆。

栖息于海拔 1 100~2 200 m 的山区或平原农田附近的水沟中，成体陆栖。分布：湖南、湖北、重庆。

巴鲵属 *Liua*

秦巴巴鲵 *Liua tsinpaensis*（曾用名：秦巴拟小鲵）

雄性体长 12~14 cm，雌性略大于雄性。头部卵圆形，头长大于头宽。吻端钝圆，吻棱不明显。体侧肋沟 13 条。皮肤光滑。头、体、四肢及尾背面棕褐色，有连缀成片的细碎金黄色斑纹。尾末端钝圆。

栖息于海拔 1 700~1 800 m 的山间缓坡溪流处。分布：陕西、河南、四川、重庆。

巫山巴鲵 *Liua shihi*

雄性体长 15~20 cm，雌性略小于雄性。头扁平，头长略大于头宽。吻端扁圆。吻棱不明显。体侧肋沟多为 11 条。体背棕褐色、黄褐色或绿褐色，有大片金黄色或黑色斑纹。

栖息于海拔 900~2 400 m 的山区浅溪流中。分布：四川、重庆、贵州、陕西、湖北。

爪鲵属 *Onychodactylus*

辽宁爪鲵 *Onychodactylus zhaoermii*

雄性体长 14.5~16.5 cm，雌性略大于雄性。头扁平，头长大于头宽。吻钝圆，吻棱不明显。皮肤光滑，背面浅黄色、橘黄色或黄褐色，具不规则黑褐色网纹。腹面浅橘色。雄性繁殖期间后肢明显变粗壮而宽大、扁平。指、趾末端具黑色角质爪。尾较长，末端钝尖。

栖息于海拔 600 m 左右的植被茂盛的山区，多见于水质清凉、石块丛生、水流湍急的溪流处。分布：辽宁（岫岩、丹东及辽阳交界山区）。

吉林爪鲵 *Onychodactylus zhangyapingi*

雄性体长 13.8~16.5 cm，雌性略大于雄性。头扁平，头长大于头宽。吻钝圆，吻棱不明显。皮肤光滑，背面浅黄色，具均匀的大理石或黑褐色网状斑纹。腹面污白色。雄性在繁殖期间后肢甚宽大。指、趾末端具黑色角质爪尾较长，末端钝尖。

栖息于海拔 250~1 000 m 的针阔叶混交林中，多见于水质清凉、水流较急的溪流附近。分布：吉林。

肥鲵属 *Pachyhynobius*

商城肥鲵 *Pachyhynobius shangchengensis*

体型肥壮，雄性体长15~18.5 cm，雌性略小于雄性。头长大于头宽，头顶隆起。吻钝圆，吻棱略显。皮肤光滑，体背深褐色，体侧色浅。腹面灰褐色或灰白色。四肢短粗。尾较短，末端钝圆。

栖息于海拔400~1 100 m的水质清凉、水流缓慢的山区溪流中。分布：河南、湖北、安徽。

北鲵属 *Ranodon*

新疆北鲵 *Ranodon sibiricus*

雄性体长约 16 cm，雌性略大于雄性。头扁平，头长大于头宽。吻钝圆，吻棱不明显。皮肤光滑，体侧有肋沟 11~13 条。体背黄褐色或深橄榄色，个别个体背面散有黑色斑点。腹面色浅。前肢 4 指，后肢 5 趾。尾末端略尖。

栖息于海拔 1 800~3 200 m 的山地草原地带，多栖息于水质清澈的小溪或沼泽中。分布：新疆；哈萨克斯坦。

极北鲵属 *Salamandrella*

极北鲵 *Salamandrella keyserlingii*

雄性体长 11~13cm，雌性略小于雄性。头椭圆形，宽扁。躯干略呈圆柱形。体侧肋沟 13~14 条。体背呈灰褐色或棕褐色，体背及尾背面黄褐色，略有金属光泽。自枕部至尾基部具 1 条黑色不连续脊纹。四肢短弱。前肢 4 指，后肢 4 趾。尾侧扁，末端钝尖。

栖息于海拔 200~1 800 m 的丘陵或山区静水塘或水沟环境中。分布：辽宁、吉林、黑龙江、内蒙古；俄罗斯、蒙古国、朝鲜、日本。

蝾螈科 Salamandridae　蝾螈属 *Cynops*

东方蝾螈 *Cynops orientalis*

雄性体长 5.5~7.5 cm，雌性体长 6.5~9.5 cm。头扁平，头长明显大于头宽。吻钝圆，吻棱明显。枕部“V”形棱脊不清晰。体背及尾背面黑色，大多无斑纹（部分个体有深浅相间斑纹）。腹面橘红色或朱红色，有连缀成片的黑色斑点。四肢纤细，指、趾尖黑色为主。尾侧扁。背、腹鳍褶平直。尾末端钝圆。

栖息于海拔 30~1 000 m 的山区有水草的静水塘和水田等环境中。分布：安徽、湖南、湖北、江苏、浙江、江西、河南等。

福鼎蝾螈 *Cynops fudingensis*

雄性体长 7.2~7.7 cm，雌性略大于雄性。头卵圆形，头长大于头宽。体背中央脊棱明显。皮肤粗糙，遍布细小痣粒。体背浅灰褐色至深褐色。咽喉、腹面及尾下缘橘红色或橘黄色，无黑色斑。一些两侧腋部或腋上各有 1 个橘黄色斑点。

栖息于海拔 700~800 m 的农田、沟壑等环境中。分布：福建。

灰蓝蝾螈 *Cynops glaucus*

雄性体长 6.5~7.5 cm，雌性大于雄性。头长大于头宽。吻端平截，吻棱明显。头部无明显棱脊。体背红褐色。体背、头背部、四肢和尾背部具较多的不规则灰蓝色斑块。咽喉部、体腹面橘红色，有不规则黑色斑块，彼此相连。一些个体在腹部正中央有橙色纵条纹。前、后肢基部腹面和掌、跖部各有 1 个橘红色斑块。尾末端钝圆。

栖息于海拔 700~900 m 的山区，在静水塘中繁殖。分布：广东。

潮汕蝾螈 *Cynops orphicus*

体长约 7.5 cm。头扁平，头长略大于头宽。吻端钝圆，吻棱明显。脊背略凹陷。肋沟 14 条。体侧、体背为黑褐色，色斑变异较大。一般具黑色网状斑。腹面橘黄色，有黑色斑。前肢掌部和后肢跖部具鲜橘红色斑。四肢短小，后肢略长于前肢。

栖息于海拔 640~1 600 m 的山区静水塘中。分布：广东、福建。

蓝尾蝾螈 *Cynops cyanurus*

雄性体长 7~8.5 cm，雌性略大于雄性。头长略大于头宽。枕部有“V”形棱脊。体背及尾部黑色或棕色。与东方蝾螈相似，但本种背脊明显隆起，皮肤上痣粒较明显。眼后角下有 1 个橘红色圆斑。雄性尾部侧面有蓝色小点连成带状。腹部橘红色，有较大的黑色网状斑。四肢细长。尾末端尖。

栖息于海拔 1 800 m 左右的水草丰富、植被稀疏的浅水塘中。分布：贵州、云南。

瘰螈属 *Paramesotriton*

橙脊瘰螈 *Paramesotriton aurantius*

雄性体长 11~15 cm，雌性略大于雄性。头长大于头宽。吻端平截。皮肤粗糙，头体背面及体侧满布大小分散的瘰粒，体背侧较大而密。头体、四肢、尾背面及侧面深褐色，腹面淡棕褐色。背脊棱明显隆起，有 1 条橘红色或红色脊纹，一些个体背部两侧及四肢有浅黄色斑点。腹面大多有不规则黄色斑点和橙色斑块。前肢较长，后肢相对短小。指、趾间无蹼。

栖息于海拔 1 100 m 左右的山间流水较缓的浅溪流中，有假死习性。分布：福建、浙江等。

中国瘰螈 *Paramesotriton chinensis*

雄性体长 12.5~14 cm，雌性略大于雄性。头扁平，头长大于头宽。吻端平截，吻略长。头侧有腺质棱脊。外观与橙脊瘰螈近似，但背脊棱颜色暗淡。皮肤较为粗糙，体侧遍布瘰粒。无肋沟。体背黑褐色或黄褐色，腹面灰黑色，多有 2 列或排列不规则的橘黄色大斑。四肢细长。尾基部较粗而后段侧扁，末端钝圆。

栖息于海拔 30~850 m 丘陵山区较为宽阔、水流较缓的溪流环境中。分布：安徽、浙江、福建。

广西瘰螈 *Paramesotriton guangxiensis*

雄性体长 12.5~14 cm，雌雄体型相近。头扁平，略呈三角形，头长大于头宽。吻端平截，吻较长，吻棱明显。头侧有腺质棱脊。皮肤较粗糙，布满疣粒或痣粒。背脊棱明显隆起。雄性背面体色呈深黑褐色，雌性体色较浅淡。腹部有醒目的橘红色或橘黄色大斑块。前肢较短，伸长仅达到眶后。尾下缘与腹部斑块同色。

栖息于海拔 470~500 m 的山区平缓溪流中。分布：广西；越南。

云雾瘰螈 *Paramesotriton yunwuensis*

雄性体长 16.5~18.5 cm，雌性略小于雄性。头宽大，头长大于头宽。吻较短，吻端平截。腺质棱脊明显。皮肤粗糙，头部及体背、侧面布满疣粒，体侧疣粒大而圆。体背棕褐色，腹面具不规则的橘红色大斑块。雄性繁殖季节尾后半段有青灰色纵带纹。前肢短而较细。

栖息于海拔 500 m 的山区溪流水洼中。分布：广东。

香港瘰螈 *Paramesotriton hongkongensis*

雄性体长 10~12.5 cm，雌性大于雄性。头扁平，头长大于头宽。吻较长，吻端平截，吻棱明显。头侧有腺质棱脊。头体背面皮肤较光滑，背面较小而少，侧面疣粒较大。身浅褐色或褐黑色，背部中央脊棱为浅褐色。腹面有较为规则的橘红色或橘黄色圆斑。四肢细长。尾末端钝圆。

栖息于海拔 120~850 m 的山区水流较缓的溪流中。分布：广东、香港。

富钟瘰螈 *Paramesotriton fuzhongensis*

雄性体长 13~16.5 cm，雌性略大于雄性。体型粗壮。头扁平，头长大于头宽。吻较长，吻端平截，吻棱明显。头侧有腺质棱脊。皮肤粗糙，布满瘰疣。背脊棱明显。体背面橄榄褐色或褐色，体侧黑褐色，腹面黑色有不规则橘红色小斑点。尾部黑褐色或褐色，末段中部色浅。尾末端钝圆。本种最大特征是前肢很长，前伸时超过眼眶前缘。

栖息于海拔 400~500 m 的阔叶林区溪流环境中。分布：湖南、广西。

七溪岭瘰螈 *Paramesotriton qixilingensis*

雄性体长约 14 cm，雌性略大于雄性。头宽近似等于头长。吻较短，吻端平截，吻棱明显。头侧有腺质棱脊。四肢较长。皮肤粗糙，头部、体背及体侧布满大小不一的疣粒，疣粒呈锥状。体背棕黑色，腹部具不规则橘红色小斑块，背脊棱与背部体色相同。四肢细长。尾部从泄殖腔至尾端由细变粗、最后再变细。

栖息于海拔 800~900 m 的山区，多见于清澈、水流平缓的小溪中。分布：江西。

织金瘰螈 *Paramesotriton zhijinensis*

雄性体长 10~12.7 cm，雌性略小于雄性。头长大于头宽。吻较长，端平截，吻棱明显。体背面呈淡黑褐色或土黄色，体背两侧各有 1 条明显的浅黄色条纹。咽喉和身体腹面黑色，有规则的橘红色或橘黄色斑纹，斑纹多为圆形、椭圆形或条形。四肢细长，基部有橘黄色斑点。部分成体头部后端两侧各有 3 条退化的鳃迹，呈幼态持续（即成体仍旧保留幼体外鳃等特征及水生习性）。

栖息于海拔 1 300~1 400 m 的山区。分布：贵州。

尾斑瘰螈 *Paramesotriton caudopunctatus*

雄性体长 12~14.5 cm，雌性略大于雄性。头略呈三角形，头长大于头宽。吻较长，吻端平截，吻棱明显。皮肤较粗糙，背中央及两侧有 3 纵行密集瘰疣。体、尾橄榄绿色，体背面有 3 条橘黄色或黄褐色纵带纹（包括脊纹）。体腹面有橘红色斑。四肢较长。指、趾端无蹼。尾下部色浅，散有黑白斑点。尾末端钝圆。

栖息于海拔 800~1 800 m 的山溪中。分布：贵州、湖南、广西。

肥螈属 *Pachytriton*

弓斑肥螈 *Pachytriton archospotus*

雄性体长14.5~18.5 cm，雌性大于雄性。头部肥厚，头长、头宽几乎相等（区别于大多数同属物种头长明显大于头宽）。吻较短。头侧无棱脊，因舌弓肥大，向后延伸，使得头部背视略呈方形，与山溪鲵属较为相似。皮肤光滑，背宽平，无背脊棱。体背棕黑色或淡灰棕色，体尾满布黑色小圆斑，体斑点数量、大小和疏密因个体而异，个别个体无斑。体色浅者斑点色深，体色深者斑点色浅。腹面橘黄色、橘红色或棕黄色等，有不规则灰棕色斑块，斑的边缘常镶有浅紫蓝色边。四肢较长。尾背鳍褶发达，尾末端钝圆。

栖息于海拔800~1 600 m的常绿阔叶林区溪流中。分布：广东、湖南、江西。

黑斑肥螈 *Pachytriton brevipes*

雄性体长 15.5~19 cm，雌性略小于雄性。头长大于头宽。吻钝圆。头侧无棱脊。皮肤光滑无疣。体侧肋沟 11 条。体背面及两侧浅褐色或灰黑色，腹面橘黄色或橘红色，周身满布褐黑色或褐色圆点，圆点大小、数量因个体而异。四肢较短。尾后端侧扁，末端钝圆。

栖息于海拔 800~1 700 m 的山区，多见于水体清凉的小溪中。分布：福建、江西、广东。

秉志肥螈 *Pachytriton granulosus*

雄性体长 12~16 cm，雌雄体型相近。头扁平，头长大于头宽。吻较长，吻端圆。头侧无棱脊。皮肤光滑。体背面褐色或黄褐色，个别个体有黑色斑点；背侧常有橘红色斑点。头体腹面橘红色，少数有褐色短纹。四肢、肛孔和尾下缘橘红色。四肢短粗。尾向后逐渐侧扁，末端钝圆。

栖息于海拔 50~800 m 的平缓、水质清澈的溪流中。分布：福建、浙江。

瑶山肥螈 *Pachytriton inexpectatus*

雄性体长 12.8~19.7 cm，雌性略大于雄性。体肥壮。头扁平，头长大于头宽。吻宽阔，吻端圆。头侧无棱脊。皮肤光滑。体侧肋沟 11 条。体背面棕褐色或黄褐色，无深色斑。腹面色浅，有橘红色或橘黄色大斑块，或相连呈 2 纵列。咽部和四肢腹面有小红斑。四肢粗短，尾侧扁，尾下缘橘红色。

栖息于海拔 1 140~1 800 m 较为平缓的山溪中。溪内石块甚多，溪底多积有粗砂，水质清凉。分布：贵州、湖南、广西。

吴氏肥螈 *Pachytriton wuguanfui*

雄性体长 15.5~16.4 cm，雌性略大于雄性。头部椭圆形，头长大于头宽。吻端平截，吻棱不明显。头侧无棱脊。皮肤较光滑，背脊棱显著。肋沟不明显。体背棕黑色，无斑点。腹面颜色较浅，具淡橘红色或橘黄色斑。泄殖孔及尾下缘橘红色或橘黄色。四肢较短。指、趾背面橘黄色。尾背鳍褶贯穿全尾，末端钝圆。

栖息于海拔 1 200 m 左右的落叶阔叶林区的山间较宽溪流中，多见于水中石块甚多、水质清凉处。分布：广西、湖南。

黄斑肥螈 *Pachytriton xanthospilos*

雄性体长 17.5~18 cm，雌性略小于雄性。头卵圆形，头长大于头宽。吻部较长，吻端平截。头侧无棱脊。体背光滑，脊背有纵沟。体背褐色或浅红褐色，两侧多具排列成纵带状的橘黄色斑（一些个体头部和体背面也有橘黄色斑）。腹面较背面色浅，有橘红色或橘黄色大小斑块，以中线处最为集中。肛部和尾下缘橘红色。四肢较短。尾较长，基部宽厚，向后逐渐变侧扁。尾末端钝圆。

栖息于海拔 800~1400 m 森林茂密的山区，植被多为常绿阔叶林中。分布：广东、湖南。

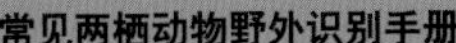

疣螈属 *Tylototriton*

红瘰疣螈 *Tylototriton shanjing*

雄性体长 13.5~15 cm，雌性略大于雄性。头宽略小于头长，头部以橘红色为主，头顶部下凹。脊背具橘红色竖条状隆起，体侧左右各 1 列橘红色圆形大疣粒，自肩部延伸至尾基部。四肢短粗，呈橘红色，尾部薄片状，多呈橘红色。尾背鳍褶较发达。

栖息于海拔 1 000 m 以上的山区或稻田附近，5—6 月繁殖。分布：云南；泰国、缅甸。

贵州疣螈 *Tylototriton kweichowensis*

雄性体长 15.5~19.5 cm，雌性略大于雄性。头长略小于头宽，头顶下凹。体表有密集的小疣粒，体两侧各具 1 列较大疣粒，连缀成橘红色条纹，延伸至尾部。前后肢指尖有橘红色宽条纹。脊背正中有 1 个橘红色条状隆起。四肢均为黑色，指、趾大部分为橘红色，尾部几乎全为橘红色。其整体与滇南疣螈相似，但头为黑色。

栖息于海拔 1 400~2 400 m 的山区，5—6 月繁殖。分布：云南、贵州。

大凉疣螈 *Tylototriton taliangensis*

雄性体长 18.5~22 cm，雌性略大于雄性。头宽略小于头长。吻端圆钝。头背面两侧棱脊显著，头顶部下凹。眼黑色。头枕部至脊背隆起。耳后腺长而弯曲，呈鲜艳的橘红色。背部中央脊棱上有多个凹痕。体背遍布小疣粒。通体黑色，体腹面颜色较体背面略浅，指、趾尖、肛孔周围及尾下缘为橘红色。尾窄长，后段侧扁。尾背侧鳍褶较薄，而腹鳍褶较厚。

栖息于海拔 1 400~3 000 m 的山间凹地中，6—7 月在溪流或水坑内交配繁殖。分布：四川。

细痣疣螈 *Tylototriton asperrimus*

雄性体长 12~14 cm，雌性略大于雄性。头部扁平，头宽略小于头长。吻端平截。头侧棱脊甚显著，耳后腺后部向中线弯曲。头顶“V”形棱脊明显，与背部中央脊棱相连。皮肤粗糙，遍布瘰粒和疣粒。体两侧各具排成纵行的圆瘰粒 13~16 枚，瘰粒间界限明显。胸、腹部有细密横缢纹。体背面黑褐色，腹面颜色略浅于背面，指、趾、肛缘及尾腹鳍褶下缘橘红色。尾侧扁，尾末端钝尖。

栖息于海拔 1 400 m 左右的山中林下潮湿处或及静水塘附近。分布：广东、广西、贵州；越南。

宽脊疣螈 *Tylototriton broadoridgus*

雄性体长 11~14 cm，雌性大于雄性。头扁平。吻端平截。头侧棱脊甚显著，耳后腺后部向中线弯曲。背脊棱较宽，其宽度近似等于眼径长度。皮肤粗糙，布满大小较为一致的疣粒。体侧瘰粒细小、彼此界限不清，连成纵条。体背面为黑褐色，体腹面及肛周颜色较体背面浅，尾下缘及指、趾腹面橘红色。尾侧扁，末端钝尖。

栖息于海拔 1 100~1 600 m 的林木繁茂的山区潮湿地带。分布：湖南、湖北。

大别疣螈 *Tylototriton dabienicus*

雌性体长 13.5~15.5 cm。头扁平，头长远大于头宽。吻端平截。头侧棱脊甚显著，耳后腺后部向中线弯曲。枕部有“V”形棱脊，与背正中脊棱相接。皮肤极粗糙，除唇缘、指趾端、尾下缘外，周身布满疣粒与瘰粒。体背面黑色，腹面色稍浅于背面，指趾腹面、指趾端、掌跖突、肛周围及尾下缘为橘红色。尾侧扁，末端钝尖。

栖息于海拔 600~700 m 的水源丰富、植被茂盛的林区，多见于腐殖质丰厚的潮湿环境中。分布：安徽、河南。

海南疣螈 *Tylototriton hainanensis*

雄性体长 14~15 cm，雌性略小于雄性。头宽扁。吻端平截。头侧棱脊及耳后腺后部向中线弯曲。枕部有“V”形棱脊，与背正中脊棱相接。皮肤粗糙，满布密集疣粒。体尾浅褐色或黑褐色，体腹面灰褐色，指、趾、肛周缘及尾下缘为橘红色。尾基部较宽，后段侧扁。尾背鳍褶较高而平直，尾末端钝圆。

栖息于海拔 1 000 m 以下的山区热带雨林植物根系附近、腐殖质堆或洞穴中。分布：海南。

莽山疣螈 *Tylototriton lizhengchangi*

雄性体长 14.5~17 cm，雌性略小于雄性。头扁平，顶部略凹陷，头宽小于头长。吻端钝或平截。头两侧有明显的骨质棱脊。耳后腺小，呈橘黄色。皮肤较粗糙，满布细小瘰疣，两体侧各具 1 列（12~15 枚）较大瘰粒，彼此界限清晰，从前至后逐渐扁平。体背黑色，耳后腺、指、趾前段、肛周及尾下缘橘黄色。尾侧扁，尾长大于头体长，尾基部较厚，而后段侧扁，中部略高于后端。

栖息于海拔 900~1 200 m 的山区，多见于喀斯特地区植被茂密的林下。分布：湖南、广东。

川南疣螈 *Tylototriton pseudoverrucosus*

雄性体长 15.5~17 cm，雌性略大于雄性。头部扁平而较薄，顶部略有凹陷，头长大于头宽。吻端钝或略平截。头部两侧有显著的骨质棱脊，后端与耳后腺前端相连接。体背深棕色或棕黑色，头侧棱脊、体侧大瘰粒、背脊、指趾前端、肛部及尾部均为浅棕红色。体侧、头体腹面及四肢腹面为棕红色或其上有棕红色纹。体侧至尾基部各有 1 纵列淡红棕色圆形瘰粒（15~16 枚），彼此不相连。腹面较光滑，满布横缢纹。尾侧扁，尾长大于头体长。尾鳍褶较高。整体与红瘰疣螈相似，但本种尾部所占比例更长。

栖息于海拔 2 300~2 800 m 的山区的次生林湿地环境中。分布：四川。

棕黑疣螈 *Tylototriton verrucosus*

体长 18~24 cm。头扁平，头宽大于头长。吻端圆。头背具棱脊。耳后腺后缘向中线弯曲。皮肤粗糙，体背布满疣粒，体两侧各有约 15 枚圆瘰粒，彼此界限清晰，排列成纵行。腹面具大小一致的疣粒，有横缢纹。体背黑褐色，四肢及尾部多为浅红褐色。尾细长，长度与头体长近似相等。尾较细弱，基部宽厚而向后逐渐侧扁。

栖息于海拔 1 500 m 左右的亚热带山区。分布：云南。

文县疣螈 *Tylototriton wenxianensis*

体长 10.5~14 cm。头部扁平。吻端平截。头侧骨质棱脊甚显著。耳后腺后部向中线弯曲。枕部有“V”形棱脊，与背正中脊棱相连。皮肤粗糙，周身满布大小较为一致的疣粒；体侧瘰粒彼此分界不清，几乎形成纵带。体腹面疣粒显著，无横缢纹。体背面及尾背面为黑褐色，体腹面及肛部周围浅黑褐色，指、趾和掌、跖突以及尾部下缘为橘红色或橘黄色。尾侧扁，尾末端钝圆。

栖息于海拔 940 m 左右的林木茂盛的山区。分布：四川、甘肃、重庆、贵州。

滇南疣螈 *Tylototriton yangi*

雄性体长 12~16 cm，雌性略大于雄性。头部扁平而宽厚，头顶凹陷，头长略大于头宽。头两侧具发达的骨质棱脊，棱脊后端不与耳后腺前端相连。皮肤粗糙，有大小疣粒。体背黑褐色，耳后腺后部、脊背、指、趾前端、肛周为橘黄色。体背两侧各有 16~17 枚橘黄色大疣粒，排成 1 列，彼此接线清晰，不相连。腹面较光滑，布满横缢纹。尾侧扁，尾长小于头体长。尾鳍褶不发达。

栖息于海拔 1 200 m 左右植被茂盛的山林或农耕地附近。分布：云南。

棘螈属 *Echinotriton*

琉球棘螈 *Echinotriton andersoni*

雌雄体长 13~19 cm。头宽扁，头宽近似等于头长。吻端平截。头侧骨质棱粗糙不发达。头枕部“V”形棱明显。体背面皮肤粗糙，满布大小疣粒；体两侧各有瘰粒 2~3 纵行，外侧 1 行有瘰粒 13~17 枚，肋骨末端可穿过瘰粒到体外，内侧 1 行或 2 行，各有瘰粒 8 枚左右，分别位于肋骨处。全身黑褐色为主，体腹面略浅于背面色。口角处突起、背部脊棱和部分瘰粒为橘黄色或棕褐色，掌、跖、指、趾腹面、肛周围以及尾下缘均为橘黄色。尾侧扁，末端渐尖。尾长小于头体长。

栖息于 100~200 m 的山区，常见于森林下枯叶堆等阴湿地带。分布：中国台湾（但自记录后，多年来未再发现）；日本。

镇海棘螈 *Echinotriton chinhaiensis*

雄性体长 10~14 cm，雌性略大于雄性。头宽扁，头宽大于头长。吻端平截。头侧骨质棱不发达。枕部具“V”形棱脊。体背面满布疣粒，体两侧各有约 12 枚排成 1 纵行的瘰粒，肋骨末端可穿过瘰粒达皮肤表面。体腹面缢纹不显或略显。全身棕黑色，仅口角处突起、指和趾端、尾腹鳍褶为橘黄色。后足第 5 趾或缺失。尾短弱，向后渐侧扁，末端渐尖。

栖息于海拔 100~200 m 的丘陵山区。分布：浙江。

高山棘螈 *Echinotriton maxiquadratus*

雄性体长约13 cm，雌性略大于雄性。头宽扁，近似三角形，头宽大于头长。吻短，吻端平截。头侧骨质棱明显。枕部有“V”形棱脊。皮肤粗糙，背部和侧部有较多大小不一的腺质疣粒。躯干扁平，具13个脊椎骨及13对肋骨，体背具1条中央脊棱。腹部布满较大的圆形瘤。全身大部分为黑色，体侧第二至第七颗疣粒的端部呈现浅灰黄色。方骨端、腕跗骨端、泄殖腔、尾部腹面以及指、趾端为淡橘红色，并具横缢纹。头、指趾、手掌、足底、尾腹部光滑无疣粒。尾侧扁，较为粗厚。

栖息于海拔1 400 m以下的靠近山顶退化的次生灌木林下。分布：华南地区。

无尾目 Anura

铃蟾科 Bombinatoridae 铃蟾属 *Bombina*

大蹼铃蟾 *Bombina maxima*

体长 5 cm 左右。头宽大于头长。吻端圆钝。皮肤粗糙，有较大疣粒。四肢短粗，前肢指间仅基部有蹼，雄性趾间满蹼而雌性趾间蹼略小于雄性。腹面多橘红色或橘黄色，间大块黑色花斑，略呈迷彩状。

栖息于海拔 2 000 m 以上的山区，多见于水塘、沼泽等环境中，5—6 月繁殖。分布：四川、云南、贵州。

东方铃蟾 *Bombina orientalis*

体长 4~5 cm。头宽略大于头长。体背黑褐色、黄褐色或绿色，密布小疣粒，具黑色圆形斑。腹面红色或橘红色，具黑色斑。指和趾尖端与腹面颜色呈相同的红色或橘红色。

多栖息于海拔 100~900 m 的低山山区，多见于溪流、水田及路边车轮碾压后的水坑中。反应迟缓，跳跃能力较差，受到威胁时四肢蜷缩，翘起头部和臀部，露出腹部醒目色斑。6 月开始繁殖。分布：辽宁、吉林、黑龙江、北京、内蒙古、山东；朝鲜、俄罗斯、日本。

微蹼铃蟾 *Bombina microdeladigitora*

体长 7~8 cm，雌性略大于雄性。头宽略大于头长。背部皮肤粗糙，有较为稀疏的大疣粒。背部棕黄色，兼有灰绿色斑。腹面多黑色，大臂及胸部有小块红色或橘黄色斑，脚掌腹面及靠近臀部有大块红色或橘黄色斑块。

栖息于海拔 2 000 m 左右的山区沼泽环境，喜欢藏匿于泥洞中。分布：云南；越南。

利川铃蟾 *Bombina lichuanensis*

体型肥壮，雄性体长 5.5~6.5 cm，雌性略大于雄性。头宽略大于头长。无鼓膜。眼后颞部上方有 1 个椭圆形大瘰粒。背部皮肤粗糙，有密集的大疣粒。背部棕黄色，兼有灰绿色斑。腹面遍布细碎或橘黄色云斑。

栖息于海拔 1 800 m 左右的山区。分布：湖北、四川。

角蟾科 Megophryidae　角蟾属 *Megophrys*

淡肩角蟾 *Megophrys boettgeri*

雄性体长3.5~4 cm，雌性略大于雄性。头宽近似等于头长。体背灰棕色，具黑褐色斑，肩部一般具圆形或半圆形浅棕色斑，明显浅于体色。腹面紫灰色，具深灰色污点状斑。趾基部微蹼。

栖息于海拔330~1 600 m的山区溪流附近，6—8月繁殖。分布：浙江、江西。

尾突角蟾 *Megophrys caudoprocta*

体型较大，雄性体长约7.7 cm，雌性略大于雄性。上眼睑外缘上方有明显的肉质角状突起。体背深棕色、灰棕色或红褐色，腹面浅灰色，咽部及胸部红褐色。趾间仅有微蹼。体后端有圆锥形尾突，故名“尾突角蟾”。

栖息于海拔约 1 600 m 的山区。分布：湖南、湖北。

莽山角蟾 *Megophrys mangshanensis*

体型较大，雄性体长 6.5 cm 左右，雌性略大于雄性。吻棱明显，吻部突出于下唇。雄性鼓膜明显。眼大而突出，虹膜红色。眼上端肉质角状突起明显。两眼间有褐色三角斑。体背青褐色或棕褐色，具“X”斑。上唇缘红色，胸部、腹侧均具鲜红色成片的斑点。腹面淡黄色。趾间无蹼。

栖息于海拔 1 000 m 左右的山区。分布：湖南、广东、广西。

小角蟾 *Megophrys minor*

雄性体长 3~4 cm，雌性略大于雄性。头长近似等于头宽。有单咽下内声囊。体背面黄棕色或灰褐色，靠近后方变浅。体背有模糊花纹。四肢细长，善跳跃。体侧色浅于背侧，具较大疣粒，腹面灰白色，具黑色斑。

栖息于海拔 1 000~1 700 m 的山区，7 月中下旬见其鸣叫求偶。分布：四川、重庆、云南、贵州。

峨眉角蟾 *Megophrys omeimontis*

雄性体长约 5.5 cm，雌性大于雄性。头扁平，头宽略大于头长。眼上方角状肉质突起不明显。背部皮肤光滑，灰棕色，具深色斑纹。两眼间有倒三角形深色斑。上唇缘具深色纵条纹。四肢背面具横纹。腹面淡棕色，具深褐色斑。

栖息于海拔 700~1 500 m 的山间溪流附近。分布：四川。

桑植角蟾 *Megophrys sangzhiensis*

雄性体长约 5.5 cm，雌性略大于雄性。头长略大于头宽。虹膜红褐色，眼上方具较小肉质角状突起。眼至肩部无明显黑色条纹贯穿。吻棱明显。具单咽下内声囊。体背棕黄色，具深色条纹，体两侧具“V”形棱。四肢背面具深色条纹。腹面浅黄色，胸部具大片棕褐色斑。腹后部及四肢腹面橘红色。具尾突。

栖息于海拔 1 000~1 300 m 的山区溪流处。分布：湖南、湖北。

井冈角蟾 *Megophrys jinggangensis*

雄性体长约 3.5 cm，雌性略大于雄性。头长近似等于头宽。虹膜红褐色，眼上方具较小肉质角状突起。鼓膜明显且突出。两眼间有 1 个深棕色三角形斑。背面浅棕色，有 4 条纵向平行的深棕色带纹。四肢及指趾背面浅棕色，具深棕色横纹。体背、体侧遍布疣粒。腹面灰色，散布黑色或棕色斑点。

分布：湖南、江西。

巫山角蟾 *Megophrys wushanensis*

雄性体长3~3.5 cm，雌性略大于雄性。头长、头宽几乎相等。吻部多有暗褐色宽纵纹。体背深褐色，背部及四肢背有小疣粒。咽喉部浅褐色，腹部、四肢腹面颜色略浅于咽喉。体侧具不明显红色斑。背部及四肢背面小圆疣红色。

栖息于海拔945~1 200 m的山区小流溪及其附近林区。分布：四川、重庆、陕西、甘肃、湖北。

黄山角蟾 *Megophrys huangshanensis*

雄性体长 3.5~4 cm，雌性略大于雄性。头扁平，头长约等于头宽。吻端短而圆钝。两眼间有倒三角形深色斑。上唇有 2 条较宽纵条纹。体背黄褐色。体背、体侧及四肢遍布大小疣粒。前后肢有 2~3 条横纹，个别个体横纹不明显。趾间无蹼。本种与淡肩角蟾相似，但本种吻端较为圆钝，趾间几乎无蹼。

栖息于海拔 500~1 600 m 的山区流溪及其附近。分布：安徽、浙江、江西。

丽水角蟾 *Megophrys lishuiensis*

雄性体长 3 cm 左右，雌性略大于雄性。两眼间具倒三角形斑纹。背面背部棕黄色，皮肤较光滑，有稀疏的小疣粒，没有由疣粒组成的肤棱。背部具“X”形斑块，或“X”形斑中间断开，色斑粗，边缘清晰且镶浅色边。眼间三角形斑与体背斑块不相连。雄性肩部具不明显的浅色半圆斑。喉部中央及两侧具 3 道黑色纵纹。腹部灰色，具黑色纹。

栖息于海拔 900~1 200 m 的小型溪流附近。分布：浙江。

小口拟角蟾 *Megophrys microstoma*

雄性体长 2.5~3.5 cm，雌性略大于雄性。头小而高，头长近似等于头宽。口较小，吻端呈盾形，超出下唇，吻棱明显。鼓膜大。体背皮肤粗糙，颜色变异较大，多为棕黄色至棕黑色。两眼间有深色三角形斑，背部肤棱部位色深，体侧有深棕色斑点。腹面咽胸部深灰紫色，腹后部和股部腹面浅黄色有灰色花斑。

栖息于海拔 220~1 200 m 的山区小溪边及其附近。分布：广东、广西、云南；越南、老挝、柬埔寨、泰国。

封开角蟾 *Megophrys acuta*

雌、雄体长 2.8~3.3 cm。头长略小于头宽。鼓膜大而明显。背部两侧有间断的背侧褶。背部皮肤较光滑，零散分布着深色斑点和少数小疣粒。成体背部棕红色。眼下有 1 条竖直深棕色条纹。腹面红褐色，下颌至胸部有 1 条纵向深棕色条纹。四肢腹面深棕色，兼有白色花纹。

栖息于海拔 500 m 以下的湿润亚热带常绿阔叶林中的枯枝落叶层，以及林下水源附近灌丛环境中，以白蚁为食。分布：广东。

炳灵角蟾 *Megophrys binlingensis*

雄性体长 4.5~5 cm。头扁平，头长略小于头宽。吻端突出于下唇，吻棱明显。鼓膜明显。具单咽下内声囊。背面皮较光滑，背部及四肢有细小的肤棱。背面多为灰棕色和灰褐色，具深色斑纹。两眼间有三角形斑，边缘呈浅色。上下唇缘有大块黑斑，间以小白斑。趾侧有较窄缘膜。本种与峨眉角蟾相似，但体型略小于后者，且体腹面中部深色斑较多。

栖息于海拔 1 500 m 左右的山区。分布：四川。

短肢角蟾 *Megophrys brachykolos*

雄性体长 3.5~4 cm，雌性略大于雄性。头长小于头宽。吻端较为圆钝。鼓膜明显。体表粗糙，遍布细小疣粒。两眼间有深色三角斑。背面多为灰棕色和深褐色，具深色斑纹，个别个体有网状纹。整个腹面浅黄色，密布紫灰色斑，自前而后变稀疏。咽喉部有黑色纵纹，有的个体腹后部及四肢腹面斑纹较小。四肢细而短，背面有不明显条纹。趾间几乎无蹼。

栖息于海拔 300~400 m 的山区溪流处。分布：湖南、广东、广西、香港。

沙坪角蟾 *Megophrys shapingensis*

体型较大，雄性体长6.5~8.5 cm，雌性大于雄性。头长略小于头宽。无鼓膜。背部较为粗糙，小痣粒较多，多数个体有较大的圆疣。有3对细长的肤棱。头及肩前红棕色或绿黄色，背部多为绿灰色，头部三角形斑及背部花斑黑褐色。体侧蓝灰色，间以不规则橘黄色斑点。腹面有深色麻斑。四肢修长，背面具黑色横纹。

栖息于海拔2 000~3 000 m的林木繁盛地区，6月左右有集群繁殖现象。分布：四川、重庆。

南澳岛角蟾 *Megophrys insularis*

体小而粗壮，雄性体长3.5~4 cm，雌性大于雄性。头长略小于头宽。吻端圆钝。鼓膜明显。背部皮肤粗糙，散布细小颗粒和瘤状突起，皮肤灰褐色或深橄榄色。眼间有1个不完整的三角形斑。四肢背部有深褐色横纹。眼下方有1条竖直的深棕色斑纹。

栖息于海拔50~500 m潮湿的亚热带山区，多见于靠近溪流的常绿阔叶林落叶层。分布：广东。

挂墩角蟾 *Megophrys kuatunensis*

雄性体长2.5~3 cm，雌性大于雄性。头长近似等于头宽。鼓膜明显。有单咽下内声囊。背部皮肤光滑；头部、上眼睑后半部痣粒颇多。体背棕红色。两眼间有三角形斑。背部有“X”形斑。上唇缘有深色纵纹。体侧有黑色花纹并杂以小白点。咽喉中部和两侧有黑褐色斑。指、趾端略膨大。

栖息于海拔1 300 m以下的山区溪流两旁灌丛环境。分布：浙江、福建、江西。

棘指角蟾 *Megophrys spinata*

体型较大，雌雄性体长4.5~5.5 cm。雄性头长略小于头宽。鼓膜清晰，有单咽下内声囊。身体背面包括头侧满布细小痣粒，头侧痣粒上有小黑刺。背面颜色有变异，多为深棕色、棕黄色或橄榄绿色，有深棕黑色斑纹。自眼间开始有倒置的褐色三角形斑，镶以浅色边。胸部及膜部前段及其两侧散布有10余枚大的灰棕色斑，边缘清晰。雄性第一、第二指有大而分散的锥状婚刺。

栖息于海拔800~1 800 m的山区。分布：四川、广西、贵州、云南。

景东角蟾 *Megophrys jingdongensis*

雄性体长约5.5 cm，雌性约6.5 cm。头宽略大于头长。鼓膜椭圆形。背侧褶细而明显，呈浅黄色。体侧有白色小疣粒。体背多为橄榄绿色或棕黄色。腹面乳白色至乳黄色，有清晰的棕色斑。趾间蹼较发达，呈半蹼。

栖息于海拔1 200~2 400 m的山区亚热带阔叶林下。分布：云南、广西。

墨脱角蟾 *Megophrys medogensis*

体型较大，雌雄体长可达 7 cm。头长略大于头宽。头顶平坦。吻尖。皮肤较光滑。背部及四肢背面均有细肤棱和小疣粒。体背面颜色有变异，多为灰褐色。两眼间深色三角斑镶有浅色边。体腹面及四肢腹面呈亮黄色。趾间无蹼。

栖息于海拔 800~1 350 m 的热带雨林山区。分布：西藏（墨脱）。

陈氏角蟾 *Megophrys cheni*

体型偏小，雄性体长2.5~3 cm，雌性略大于雄性。头长近似等于头宽。鼓膜圆形。体和四肢背面及体侧皮肤光滑具疣粒，部分疣粒在背侧纵向排列成2列，体背有“X”形肤棱。背面红棕色或黄褐色，具深色网纹。四肢背面有深色横纹。

栖息于海拔1 100~1 600 m的亚热带阔叶林区溪流附近。分布：江西、湖南。

凸肛角蟾 *Megophrys pachyproctus*

体长约3.5 cm。头长近似等于头宽。鼓膜明显。皮肤较粗糙，体背痣粒连续排列成“X”形。体背棕黄色至浅褐色。两眼间具三角形斑。趾间无蹼。雄性肛部向后凸起呈弧形。

栖息于海拔1 500 m左右的植被茂盛的雨林环境中。分布：西藏（墨脱）。

雨神角蟾 *Megophrys ombrophila*

体型小而粗壮，雄性体长 2.7~3.5 cm，雌性略大于雄性。头大而突出，头长近似等于头宽。吻棱明显。鼓膜大而明显。体表遍布小尖刺疣。背部红棕色或棕黄色，腹面灰白色，有大面积黑色斑，间以橙色小点。手掌基部为橙色。指、趾端略膨大。

栖息于海拔 1 240 m 左右的山区，大雨过后尤为活跃。分布：江西、福建（武夷山）。

费氏角蟾 *Megophrys feii*

体型小而纤细，雄性体长约 2.5 cm，雌性略大于雄性。头长近似等于头宽。吻端钝，吻棱明显。鼓膜圆而明显。眼睑上方有 1 个小肉质角状突起，其周围遍布小疣粒。背部皮肤粗糙，表面有明显的刺疣，体侧密布白色疣粒，腹部皮肤光滑。两眼之间有深褐色倒三角形斑纹。头部、身体和四肢的背面和侧面浅灰褐色。上唇具深棕色的垂直的条纹。趾间蹼不发达，仅有蹼迹。雄性手指无婚垫或婚刺。肛部上方呈弧状凸出。

栖息于海拔 700~1 200 m 的山区常绿阔叶林小而浅的溪流及附近，繁殖期雄性常栖息于灌木叶上。分布：云南（盈江）；缅甸。

平顶短腿蟾 *Brachytarsophrys platyparietus*

体型较肥大，雄性体长 9~12 cm，雌性大于雄性。头宽扁，头宽大于头长。上眼睑外缘有多个疣粒，其中 2~4 个角状疣。眼后头枕部多具 1 条倒三角纹。体背棕褐色，具黑色小圆疣粒。四肢短粗，具深色斑趾间具 1/4~1/2 蹼。本种在国内曾被鉴定为宽头短腿蟾。

栖息于海拔 2 500 m 以下的潮湿的常绿阔叶林山区石下或洞穴中，5 月繁殖。分布：四川、云南、贵州、广西、湖南、江西；缅甸、泰国、越南。

珀普短腿蟾 *Brachytarsophrys popei*

体型较小，雄性体长 9~12 cm，雌性大于雄性。体宽扁；头宽大，头宽大于头长。上眼睑外缘有多个疣粒，其中 2~4 个角状疣。眼后头枕部多具 1 条倒三角纹。体背棕褐色，具黑色小圆疣粒。四肢短粗，具深色斑趾间具 1/4~1/2 蹼。

栖息于海拔 2 500 m 以下的潮湿的常绿阔叶林山区石下或洞穴中，5 月繁殖。分布：湖南、江西和广东；缅甸、泰国、越南。

拟髭蟾属 *Leptobrachium*

哀牢髭蟾 *Leptobrachium ailaonicum*

雄性体长 7~9 cm，雌性略小于雄性。头宽大于头长。吻棱显著。鼓膜隐蔽。无声囊。眼球上半部浅蓝色，下半部为黄褐色。背部青灰色。繁殖期雄性上唇具较多黑色角质硬刺，多为 20 枚以上，大小不一，沿上唇边缘杂乱排列，多为 2~3 行。体背紫灰色或紫棕色，多有黑色斑。指、趾间蹼不发达。

栖息于海拔 2 000 m 以上的山区，2—3 月繁殖。分布：云南；越南。

峨眉髭蟾 *Leptobrachium boringii*

雄性体长 7~9 cm，雌性略小于雄性。头部较为扁平，无明显隆起，头宽近似等于头长。鼓膜隐蔽。无声囊。体背部青灰色，具黑色不规则网状斑，密布灰白色小疣粒。眼大，上 1/3 亮蓝色，以下黑色。繁殖期雄性上唇具 1 排黑色角质硬刺，9~16 枚沿上唇边缘整齐排列。前肢较长，后肢短。

栖息于 500~1 500 m 的山谷、溪流附近，2 月底至 3 月初繁殖。雄性有筑巢和护卵习性。卵多产于水中石块的腹面。分布：四川、贵州、云南、广西、湖南。

雷山髭蟾 *Leptobrachium leishanensis*

雄性体长 7~10 cm，雌性小于雄性。头宽大于头长。眼球上 1/3~1/2 亮蓝色，以下黑色。背部紫灰色，具紫红色小疣粒。繁殖期雄性上唇两侧基部各有 2 枚黑色角质硬刺，前小后大。本种与崇安髭蟾瑶山亚种相似，但无声囊。

栖息于海拔 1 000~1 500 m 的山区溪流附近，11 月左右繁殖，有集群繁殖习性。分布：贵州。

崇安髭蟾 *Leptobrachium liui*

雄性体长 7~9 cm，雌性小于雄性。头扁平，头宽大于头长。吻部圆钝，鼻部隆起。本种与雷山髭蟾相似，区别在于本种体型较大，且有声囊（单侧咽下内声囊）。上唇缘左右各有 1 枚较大黑色角质硬刺，个别个体大角质刺，前方具 1~2 枚小角质刺（指名亚种多为 1 枚或 1 大 1 小至 1 大 2 小，而瑶山亚种多为 2 枚，前小后大）。背部红棕色，腹部灰棕色，具白色小疣粒。

栖息于海拔 800~1 500 m 的山区溪流附近，11—12 月繁殖。分布：本种有 2 个亚种，指名亚种分布于浙江、福建；瑶山亚种分布于广东、广西、浙江、江西、湖南。

崇安髭蟾指名亚种 *Leptobrachium liui liui*

崇安髭蟾瑶山亚种 *Leptobrachium liui yaoshanensis*

海南拟髭蟾 *Leptobrachium hainanense*

雄性体长约5 cm，雌性略大于雄性。头宽近似等于头长。瞳孔竖直，眼球上1/3~1/2亮蓝色，以下黑色。有单侧咽下内声囊。背部紫棕色，具不规则黑色云状斑，具紫红色小疣粒，两侧上唇基部无明显的黑色角质硬刺。四肢具黑色细条纹。

栖息于海拔300 m左右的山间小溪流附近，10月中下旬见其抱对。分布：海南。

墨脱拟髭蟾 *Leptobrachium bompu*

雄性体长 4.7~5.3 cm。头宽大于头长。吻端圆，吻棱明显但不突出。鼓膜不明显。体背灰棕色至红棕色，有明显的黑色网状斑。虹膜有 3 种色型，全为蓝灰色，均为黑色，或一侧蓝灰色而另一侧深棕色。腹面乳白色，有和背面颜色相同的网状斑纹。四肢细长，四肢腹面有明显黑色横条纹。

栖息于海拔 2 000 m 以下的山区林木茂密的溪流附近。分布：西藏（墨脱）。

华深拟髭蟾 *Leptobrachium huashen*

雄性体长约 5 cm，雌性略大于雄性。头宽而扁平，头长小于头宽。虹膜上半部分蓝色，下半部分灰褐色。鼓膜隐蔽，有单咽下内声囊。体背紫棕色或灰棕色，体侧色略浅，有黑色网纹。雄性无婚刺。趾间微蹼。

栖息于海拔 1 000~2 400 m 的山区常绿阔叶林下溪流附近。分布：云南。

掌突蟾属 *Leptobrachella*

峨山掌突蟾 *Leptobrachella oshanensis*

雄性体长约 3 cm，雌性略大于雄性。头长约等于头宽。吻端隆起，钝圆。鼓膜明显。雄性有咽下内声囊。体背有不规则小疣粒，腋腺明显。体背面红棕色。眼后具倒三角深棕色斑。咽喉下有麻斑，而胸腹部无斑。腹侧有白色纤体纵列排布。趾间无蹼。

栖息于海拔 600~1 800 m 山区，在一些地区与峨眉髭蟾同域分布，但繁殖期略晚于峨眉髭蟾。分布：四川、重庆、贵州、湖北、甘肃。

福建掌突蟾 *Leptobrachella liui*

体长不超过 3 cm。头长近似等于头宽。鼓膜圆而清晰。两眼间有深色三角斑。雄性有单咽下内声囊。体背灰棕色或棕褐色，背部皮肤整体光滑，仅有小疣粒。腹面无斑或仅有不显著灰色小云斑。趾间几乎无蹼。

栖息于海拔 730~1 400 m 山溪附近潮湿环境中。分布：福建、浙江、江西。

高山掌突蟾 *Leptobrachella alpine*

雄性体长约 2.5 cm，雌性略大于雄性。头部高隆，头长近似等于头宽。吻端钝圆。眼大而突出。鼓膜大而圆。背部黄褐色至深褐色，大、小疣粒规则排布成列。腹面黄白色，有褐黑色斑点。

栖息于海拔 1 000 m 以上植被繁茂的山区。分布：云南、广西。

腹斑掌突蟾 *Leptobrachella ventripunctata*

雄性体长约 2.6 cm，头长略大于头宽。眼大而突出。鼓膜大而圆。体背粗糙，有密集的小疣粒，一些疣粒连缀成小长疣粒。体背灰褐色，两眼间有深褐色三角纹。两肋有数枚较大黑色圆形斑点。腹部有明显的黑褐色斑点连缀呈网状或云雾状。四肢背面有清晰黑褐色横条纹。

栖息于海拔 1 000 m 左右的常绿阔叶林区，叫声短促、连续，似蟋蟀鸣声。分布：云南；越南。

云开掌突蟾 *Leptobrachella yunkaiensis*

雄性体长 2.5~3 cm，雌性略大于雄性。头长略大于头宽。眼大，虹膜双色，上半部分为铜黄色，下半部分为银色。鼓膜明显。有单咽下内声囊。体背面黄棕色，具深棕色的斑点，间以橙色的不规则斑块。四肢背面有棕色的横条纹。腹部呈粉色，具清晰或不清晰的棕色斑点。

栖息于海拔 900~1 200 m 常绿阔叶林间溪流处。分布：广东。

刘氏掌突蟾 *Leptobrachella laui*

雄性体长约 2.6 cm，雌性略大于雄性。头长略大于头宽。吻棱明显。眼大而突出，虹膜呈铜褐色。鼓膜小而圆。体背粗糙，有密集的小疣粒，一些疣粒连缀成小长疣粒。体背面褐色，散布有小的黄色斑点，无明显深色斑。胸腹部呈不透明的乳白色。咽部粉色，边缘有棕色颗粒。

栖息于海拔 100~800 m 的山间溪流中。分布：广东、香港。

腾冲掌突蟾 *Leptobrachella tengchongensis*

雄性体长 2.5~3 cm，雌性略大于雄性。头长近似等于头宽。吻棱不明显。眼大而突出，瞳孔竖直，虹膜为统一的深棕色。鼓膜清晰，呈黑色。体背皮肤较粗糙，有长疣粒，疣粒顶端呈红色。体背深褐色，有土黄色斑。体侧有数个较大黑斑。腹面白色，散布不规则的黑色斑点。喉部有深色大理石状花纹。

栖息于海拔 2 000 m 左右的山区大型溪流附近。分布：云南（腾冲）。

齿蟾属 *Oreolalax*

景东齿蟾 *Oreolalax jingdongensis*

体型瘦长，体长 5~6 cm，雌雄大小相近。头较扁平，头宽略大于头长。无鼓膜。背部多为棕褐色或棕黄色。背部具小疣粒及黑色小斑点。两眼间具深褐色斑。体腹面具灰色斑点。

栖息于 2 300 m 左右的山区。分布：云南。

凉北齿蟾 *Oreolalax liangbeiensis*

雄性体长4.5~5.5 cm，雌性略大于雄性。头宽略大于头长。体背浅黄褐色，具较多圆形疣粒，有较多成片的不规则黑色斑。四肢细长，前肢发达，四肢具黑色横纹。腹面灰黄色，无斑纹。

栖息于海拔2 850~3 000 m的针阔叶混交林区，5月进入溪流繁殖。分布：四川。

大齿蟾 *Oreolalax major*

体长 6~7 cm，雌雄体型相近。头宽略大于头长，头、眼较大。虹膜不分色。眼间无三角斑。体背棕黄色或橙黄色，体背、四肢密布小疣粒。体背具黑色小圆斑点。腹部侧面及四肢腹面呈黄色。四肢腹面具灰白色，具模糊的黑色斑，连缀成片。四肢具宽条纹。趾间蹼较发达。

栖息于海拔 1600~2000 m 的山区溪流附近。分布：甘肃、四川。

点斑齿蟾 *Oreolalax multipunctatus*

体长约 5 cm。头长略大于头宽。吻棱钝圆。眼大而突出。鼓膜隐蔽。体背黄褐色或黄棕色，密布圆形小疣和黑斑点，疣粒部位均具黑褐色斑点。腹面灰褐色。咽喉部有 1 条褐色云斑。整体与大齿蟾相似，但本种体侧及四肢不呈黄色，且虹膜上半部分为铜黄色。

栖息于海拔 1 800~1 920 m 林木茂密的山区。分布：四川。

峨眉齿蟾 *Oreolalax omeimontis*

雄性体长5~6 cm，雌性略大于雄性。头部扁平，头宽略大于头长。两眼间有三角形斑。体背铜褐色或黄褐色，表皮粗糙，具较大疣粒，排列较为规则，疣粒处有黑斑。腹面肉黄色，咽喉部具浅褐色网状碎斑，腹部有灰色云斑。四肢细长。指间无蹼，趾间微蹼。

栖息于海拔1000~1800 m的山区溪流附近。分布：四川。

宝兴齿蟾 *Oreolalax popei*

雄性体长 6~7 cm，雌性略小于雄性。头长略大于头宽。吻棱不明显，上唇缘具黑色斑点。体背面褐黄色，皮肤粗糙，遍布小尖疣粒，疣粒处多具黑色圆斑。头部及四肢背面具小疣粒，体背、体侧疣粒较大。腹部皮肤光滑。腹面肉红色，满布灰褐色或灰黑色小斑点。

栖息于海拔 1 000~2 000 m 的山区。分布：四川。

红点齿蟾 *Oreolalax rhodostigmatus*

雄性体长 6~7 cm，雌性略小于雄性。头长、头宽几乎相等。眼大而突出，瞳孔竖直。鼓膜大而突出，呈圆盘状。无声囊。体背灰褐色。腋下、腹部两侧及股后有较明显的橘红色小圆斑点，因而得名。雄性前肢较雌性粗、长，后肢短小。蝌蚪发育阶段时体形硕大，呈半透明粉色，视力退化。

栖息于海拔 1 000~1 800 m 的黑暗溶洞中，行动缓慢。分布：湖南、湖北、四川、重庆、贵州。

疣刺齿蟾 *Oreolalax rugosus*

体长 4.5~5.5 cm。头宽略大于头长。吻端圆钝，吻棱不明显。无鼓膜。无声囊。体色较单一，体背皮肤粗糙，遍布疣粒，疣粒上方具小黑点，周围灰黑色。体背面多为黄褐色或灰褐色。腹面多为米黄色，雌性有黑色小斑点，雄性无点斑或不明显。四肢横纹不明显。趾间微蹼。

栖息于海拔 2 000~3 000 m 的中高山区溪流附近。分布：四川、云南。

南江齿蟾 *Oreolalax nanjiangensis*

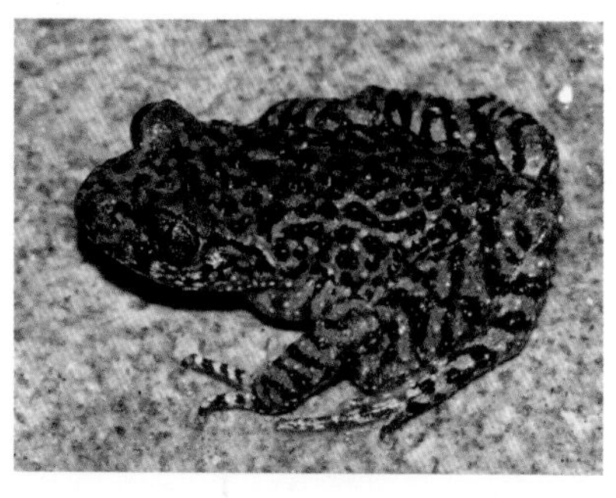

体长 5.5~6 cm。头略扁平，头长略大于头宽。吻端圆钝，吻棱不明显。鼓膜隐蔽。无声囊。上下唇缘多具深浅横斑纹。背面黄褐色，皮肤粗糙，遍布疣粒，疣粒部位有黑褐色圆斑，个别个体黑色斑连缀成片。背部、体侧及后肢背面疣粒大小一致。腹面暗黄褐色，无深色斑，仅下颌缘有灰褐色斑。外形与宝兴齿蟾相近，区别在于本种整个腹面及股后无斑纹。

栖息于海拔 1 600~1 800 m 的山区较平缓的溪流处。分布：四川。

无蹼齿蟾 *Oreolalax schmidti*

雄性体长 4~5 cm。雌性略大于雄性。头较扁平，头长略大于头宽。吻端钝圆，吻棱明显。鼓膜隐蔽。两眼间有棕黑色三角斑，并与体背棕黑色斑相连。体背变异较大，多为土黄色至深棕色，有深褐色斑。腹面灰黄色或紫肉色，个别胸部及体侧有黑灰色点斑。指、趾间无蹼。

栖息于海拔 1 700~2 400 m 的山区溪流附近的灌丛中。分布：四川。

齿突蟾属 *Scutiger*

西藏齿突蟾 *Scutiger boulengeri*

雄性体长5~6 cm，雌性略大于雄性。头宽略大于头长。吻钝圆。一般两眼间有褐色三角形斑，雌性更为显著。背部橄榄绿色或橄榄褐色。背部有较多疣粒，疣粒呈规则圆形，其背两侧疣粒较大而密集，靠近背中线处较小而稀疏。腹面具成片疣粒。四肢较为细长，具横条纹。

栖息于海拔3 300~5 000 m高山草甸环境中。繁殖期可见聚集于水流较急的河边。分布：四川、西藏、青海、甘肃；尼泊尔。

金顶齿突蟾 *Scutiger chintingensis*

体扁平、窄长，雄性体长 4~5 cm，雌性略大于雄性。头长近似等于头宽。吻钝圆，吻棱显著。无鼓膜。体背皮肤粗糙，背疣长而显著。背面及体侧为棕红色，背部杂以金黄色及橄榄棕色的细点，有大面积深色斑，部分个体深色斑连缀成纵条纹。眼后有深色倒三角形斑。腹面有灰棕色、金黄色、银灰色细点。四肢细长，趾间有蹼。

栖息于海拔 2 500~3 000 m 的山区顶部小溪、水库附近灌丛等环境中。分布：四川。

胸腺齿突蟾 *Scutiger glandulatus*（曾用名：胸腺猫眼蟾）

体型粗壮，雄性体长 7~9 cm，雌性小于雄性。头宽略大于头长。吻钝圆。无鼓膜。无声囊。背部铜黄色、黄褐色或橄榄绿色。背部有较多长疣粒或圆疣粒。胸部刺团 2 对。腹面黄灰色。腹面具成片疣粒。四肢较为粗壮，无条纹。指、趾腹面有较多疣粒。第四趾具 1/4~1/3 蹼。

栖息于海拔 4 300 m 的高原地区，多为植被较为茂盛的高山草甸等环境。分布：四川、西藏、青海、甘肃；尼泊尔。

贡山齿突蟾 *Scutiger gongshanensis*（曾用名: 贡山猫眼蟾）

体型肥硕，体长 5~6 cm。头宽略大于头长。吻钝圆。无鼓膜。具 1 对咽下内声囊。体背青灰色，背中线处及两侧各具 1 深棕色粗纵纹。四肢具不规则大斑点或条纹。趾间无蹼。

栖息于海拔 2 500~3 800 m 的山区。分布：云南。

六盘齿突蟾 *Scutiger liupanensis*

雄性体长 4~5 cm，雌性略大于雄性。头宽略大于头长。吻钝圆。无鼓膜。体背橄榄棕色，背部遍布圆形刺疣。腹部灰绿色，胸腹部中线处及四肢腹面具灰白色小疣粒。

栖息于海拔 1 900~2 500 m 的植被茂盛的山区泉水溪流处。分布：甘肃、宁夏。

宁陕齿突蟾 *Scutiger ningshanensis*

雄性体长 4.5~5 cm，雌雄大小相差不大。头扁平。鼓膜不明显。头部、眼上方有小黑刺。背部亮铜褐色，具较大黑色疣粒，近似排布成 4 纵行。四肢细长，具黑色横条纹。

栖息于海拔 2 000~2 250 m 的植被稀疏的山区。分布：河南、陕西。

林芝齿突蟾 *Scutiger nyingchiensis*

雄性体长 5~6.5 cm，雌性略大于雄性。头宽略大于头长。无鼓膜。背面多为深灰色或橄榄灰色。体背及四肢背面密布小疣粒，疣粒顶端具小黑刺。咽喉及四肢腹面浅紫红色。胸腹部灰黄褐色。

栖息于海拔 2 700~3 200 m 的林区。分布：西藏；尼泊尔。

吴氏齿突蟾 *Scutiger wuguanfui*（曾用名：墨脱猫眼蟾）

体型较大，雄性体长7.5~8.5 cm，雌性约12 cm。头宽大于头长。吻部明显隆起。眼大，眼睑红褐色，瞳孔纵置。皮肤粗糙，体背疣粒扁平，体侧疣粒相对突出。每个疣粒上有几颗小刺，下颏和胸部有较多黑刺。咽部、腹部和四肢腹面光滑，雄性有胸腺和腋腺各1对。头、体和四肢背面深褐色。上下颌缘呈浅棕色。体腹面灰褐色。颏部和四肢腹面深褐色。

栖息于海拔2 700 m左右的山区针阔叶混交林。分布：西藏（墨脱）。

蟾蜍科 Bufonidae 蟾蜍属 *Bufo*

盘谷蟾蜍 *Bufo bankorensis*

雄性体长 6~10 cm，雌性大于雄性。头长大于头宽。耳后腺明显，耳后腺靠近腹面一侧具黑色条纹。体背黄褐、红褐、绿褐色等，具大疣粒，体表色斑变异较大，为黑色、褐色或橙红色斑等，或无斑纹。腹面色浅，有小黑斑。

栖息于海拔 2 700 m 以下的田园、山区、林地等环境中。分布：中国台湾。

中华蟾蜍 *Bufo gargarizans*

体型圆钝，雄性体长约 10 cm，雌性体长可达 12 cm。头宽大于头长。吻圆而高，吻棱明显。鼓膜显著。两侧耳后具毒腺。体色变异较多，有黄褐色、灰褐色、棕褐色、红褐色等。体表具疣粒。腹部多为黄色，有黑色迷彩斑。四肢短粗，跳跃能力较差。

栖息于多种环境，城市中也常见其踪迹。繁殖季节为 4—6 月。分布：除新疆、香港、澳门、台湾外的大部分省份；俄罗斯、朝鲜等。

司徒蟾蜍 *Bufo stuarti*

体型圆钝，雄性体长约6.5 cm，雌性大于雄性。头宽大于头长。体黄褐色，头、体背部有红色斑。两侧耳后具毒腺。体表具疣粒。四肢短。雄性在繁殖季节呈艳丽的金黄色。

栖息于海拔2 000 m以上的山区，繁殖季节为5—6月。分布：云南；缅甸等。

史氏蟾蜍 *Bufo stejnegeri*

体型小而修长，体长5~6 cm。头扁平，头宽大于头长。耳后腺近圆形，无鼓膜。体色多变，有黄褐色、土黄色、灰绿色、藕荷色等，体表具疣粒。四肢修长，善于跳跃。

栖息于海拔100~300 m的山间溪流、落叶堆等环境中，夜间活动，繁殖季节为4月底至5月初，深秋也可见其抱对。分布：辽宁、吉林；朝鲜。

漠蟾属 *Bufotes*

塔里木蟾蜍 *Bufotes pewzowi*

体型圆钝，雄性体长 5~7.5 cm，雌性大于雄性。头宽大于头长。雄性背面橄榄色、灰棕色等，斑点较少；雌性体背灰色，有墨绿色圆形或条状斑。皮肤粗糙，体腹侧及股腹面具扁平疣，其余部位光滑。四肢有墨绿色或黑褐色横纹。腹面多为乳白色或乳黄色。

栖息于戈壁滩等干旱环境，多聚集在水源处，夜间及晨昏活动频繁。分布：新疆；蒙古国、吉尔吉斯斯坦、俄罗斯、乌兹别克斯坦、塔吉克斯坦。

头棱蟾属 *Duttaphrynus*

黑眶蟾蜍 *Duttaphrynus melanostictus*

雄性体长 7~8 cm，雌性大于雄性。头宽大于头长。两眼间有黑色骨质棱，延伸至吻端。鼓膜大，椭圆形。有内声囊。皮肤粗糙，除头顶外，均遍布大小疣粒，体背多为黄褐色或灰褐色。腹部土黄色，密布小疣，四肢刺疣较小，所有疣粒顶部都有黑色角质刺。

我国南方较为常见，栖息于多种环境中。分布：四川、云南、贵州、浙江、江西、湖南、福建、台湾、广东、香港、澳门、广西、海南、西藏；印度、斯里兰卡、巴基斯坦、尼泊尔、孟加拉国、菲律宾、马尔代夫、中南半岛、苏门答腊岛、婆罗洲岛、爪哇岛、巴厘岛。

隆枕蟾蜍 *Duttaphrynus cyphosus*

雄性体长 7~8 cm，雌性略大于雄性。头宽大于头长。两眼间具骨质眶上棱，头枕部隆起。头顶、耳后腺处具细小疣粒。鼓膜显著。无声囊。耳后腺大而略呈三角形。背部遍布圆锥状疣刺。体背黄褐色至灰褐色。腹面浅白色具深灰色污点状斑。雄性体背无明显花斑。

栖息于海拔约 1 500 m 的农田、山区等。分布：西藏、云南。

喜山蟾蜍 *Duttaphrynus himalayanus*

雄性体长 8.5~9 cm，雌性大于雄性。头宽大于头长。头部具骨质棱，皮肤粗糙，遍布大小不均的疣粒，头顶及眼上方疣粒尤其密集。耳后腺大而发达，呈长椭圆形或肾形，体背灰褐色、灰黄色或红褐色，个别具深色边界不清晰的连续迷彩斑。腹面黄色，有浅灰色云斑。

栖息于海拔 1 700~2 800 m 的山区，多见于水边石下。分布：西藏；不丹、印度、尼泊尔、巴基斯坦。

棱顶蟾属 *Ingerophrynus*

乐东蟾蜍 *Ingerophrynus ledongensis*

雄性体长约 5.5 cm，雌性远大于雄性。头宽明显大于头长。吻钝圆，吻棱明显。鼓膜显著，耳后腺长而弯曲。每侧上唇有 2~3 块明显深棕色大斑块，最后 1~2 块直达眼下。体背遍布小疣粒，无大疣粒，皮肤黄褐色，具深棕色斑，个别体侧具小红色疣粒及黑斑。腹部蓝灰色，具灰色、橙色云斑，布满白色小刺疣。成体胸部及前肢腹面遍布大小不一的肉质尖刺疣，头部两侧鼓膜下方刺疣最大。

栖息于海拔 900 m 以下的阔叶林区。分布：广东、海南。

花蟾属 *Strauchbufo*

花背蟾蜍 *Strauchbufo raddei*

雄性体长约6cm，雌性大于雄性。头、吻宽厚，头宽大于头长。皮肤粗糙。雌雄蟾体色、斑纹差异明显。雄性背面棕灰色等，有疣粒，具棕褐色不规则斑；雌性体背色较浅、疣粒较少，但斑纹色更深而鲜艳，近红褐色。四肢有褐色花纹。腹面多为乳白色。

栖息于平原、水田、半荒漠及盐碱地等多种环境中。分布：河北、北京、河南、山东、山西、陕西、内蒙古、宁夏、甘肃、青海、安徽、江苏、黑龙江、吉林、辽宁；蒙古、俄罗斯、朝鲜。

雨蛙科 Hylidae　雨蛙属 *Hyla*

华西雨蛙 *Hyla annectans*

雄性体长 3.2~3.8 cm，雌性略大于雄性。头宽大于头长。吻端圆而高，吻棱明显。鼓膜明显。有单咽下外声囊。两侧吻棱上各有 1 条细黑条纹，延伸至鼻孔，不在吻端相接。背部皮肤光滑，绿色为主。胫外侧及股前侧黄色，有较多黑色斑点。

栖息于海拔 750~2 400 m 的山区或农田。分布：四川、重庆、湖南、云南、贵州、广西。

中国雨蛙 *Hyla chinensis*

雄性体长 3 cm 左右，雌性略大于雄性。头宽略大于头长。吻棱、鼓膜明显。有单咽下外声囊。背部皮肤光滑。背面绿色或草绿色。眼前至吻端有 1 条较粗黄褐色条纹，两侧条纹经过鼻孔在吻端相遇，自上而下颜色逐渐变浅。眼后至肩部有 1 个褐色三角形纹，边缘色深而中间色浅。体侧及腹面浅黄色。体侧及股前后有数量不等的黑色斑点。腋下和胯部均为黄色。指间微蹼，外侧 3 趾间具 2/3 蹼。

栖息于海拔 200~1 000 m 的低山丘陵环境中，雄性夜间多爬植物叶片上鸣叫。分布：河南、湖北、安徽、江苏、上海、浙江、湖南、江西、福建、台湾、广东、广西、香港；越南。

东北雨蛙 *Hyla japonica*

体长 3~4 cm。头宽略大于头长。吻圆而高，吻棱明显。鼓膜明显。体色多变，常具灰绿色、草绿色、黄褐色、咖啡色或淡蓝绿色等。眼、鼻间多具深色细条纹。体背及四肢背面无斑或有不规则浅棕色条纹。指间蹼不发达，仅基部有蹼。外侧 3 趾间半蹼。

栖息于海拔 900 m 以下的平原或山区、丘陵，繁殖季节雨后夜晚常发出响亮的“嘎—嘎”鸣声。分布：辽宁、吉林、黑龙江、内蒙古；俄罗斯、朝鲜、日本。

三港雨蛙 *Hyla sanchiangensis*

雄性体长 3~3.5 cm，雌性略大于雄性。体背纯绿色或黄绿色。吻棱处的褐色条纹较粗大。股前后及胯部鲜黄色，有细小而密集的黑色圆点。手、足为黄棕色。指基部具微蹼，趾间蹼发达，几乎为全蹼。

栖息于海拔 500~1 500 m 的山区、农田等环境中，鸣声为低而慢的“咯啊—咯啊”声。分布：贵州、安徽、浙江、江西、湖南、湖北、福建、广东、广西。

华南雨蛙 *Hyla simplex*

雄性体长 3~4 cm，雌性略大于雄性。白面皮肤光滑，蓝绿色或绿色。体侧自眼后方至胯部有 1 条深褐色细线，以细线为界，细线上方为绿色，下方略呈浅棕色，至腹部逐渐变淡。体侧及股前后均无斑点。指间蹼不发达，外侧 3 趾间半蹼。

栖息于海拔 1 500 m 以下的农田、林地等环境中，繁殖季节雄性多在田边树木、灌丛中鸣叫，鸣声洪亮。分布：海南。

秦岭雨蛙 *Hyla tsinlingensis*

体型较大，雄性体长可达 4.5 cm，雌性大于雄性。头宽大于头长。吻棱明显。具单咽下外声囊。体背皮肤光滑，背面墨绿色。吻部及吻棱处形成深棕色“Y”形斑。体侧自眼后至胯部有曲折的棕褐色细线纹。体侧线纹下方淡棕褐色自线纹处至腹部逐渐变浅。体侧及股前后斑点较多。腋下及胯部有较多黑黄相间斑点。四肢背面绿色，手、足背面黄灰色。指、趾间蹼不发达。

栖息于海拔 900~1 700 m 的山区，5—6 月繁殖，多见于农田、芦苇塘等环境中。分布：陕西、甘肃、重庆、安徽。

无斑雨蛙 *Hyla immaculata*

雄性体长 3 cm 左右，雌性大于雄性。头宽略大于头长。吻圆而高，吻棱明显，鼓膜圆而明显。皮肤光滑。背面纯绿色，无斑点。鼻孔至眼间无明显褐色粗条纹。体侧与胫、股前后方均为淡黄色，无斑点。指间基部仅有蹼迹。趾间约为 1/3 蹼。

栖息于海拔 200~1 200 m 的山区、农田等环境中，5—6 月繁殖季节常在农田或池塘聚集，鸣声洪亮。分布：山东、河南、河北、天津、重庆、贵州、湖北、安徽、江苏、浙江、上海、江西、湖南、福建。

昭平雨蛙 *Hyla zhaopingensis*

体型瘦长，体长约 3.5 cm。头长略小于头宽。吻较短，吻棱显著。背面浅绿色，无斑点，从眼后缘经体侧至胯部有 1 条发亮的乳黄色细线纹，在此线纹下方伴有棕黑色线纹。

栖息于海拔 150 m 左右的热带雨林，常见于芭蕉林中。分布：广西。

叉舌蛙科 Dicroglossidae　陆蛙属 *Fejervarya*

泽陆蛙 *Fejervarya multistriata*

雄性体长约 4 cm，雌性略大于雄性。头宽略小于头长。吻尖。上、下唇缘具黑色较宽条纹。具单咽下外声囊。体色多变，常见具绿色、黄褐色、橄榄灰色等。体背有棕色不规则斑纹。背中线处多有 1 条或深或浅的黄绿色或灰绿色脊线，从吻端延伸至肛门处。无背侧褶。四肢背面有棕色横条纹。趾间近半蹼。

栖息于海拔 2 000 m 以下的平原、丘陵、山地等环境中。分布：河北、天津、山东、陕西、河南、甘肃、安徽、江苏、湖南、湖北、浙江、福建、台湾、四川、江西、贵州、重庆、广东、广西、澳门；印度、越南、尼泊尔、缅甸。

海陆蛙 *Fejervarya cancrivora*

雄性体长 5.5~7 cm，雌性略大于雄性。头宽近似等于头长。两眼间多具 1 个小白点。上下唇具 6~8 条黑色纵纹。具 1 对外声囊。体背黄褐色，具深色条纹。体背、体侧具 4~8 条长短不一的肤棱。个别个体背中线处多有 1 条浅色脊线。腹面光滑，浅黄白色。四肢背面具深色横纹。外观与泽陆蛙相似，但体型略大，且趾间满蹼。

栖息于近海边的咸水或半咸水地区，常见于红树林中，捕食蟹类等小型水生动物。分布：广西、澳门、台湾、海南；中南半岛、印度尼西亚等。

虎纹蛙属 *Hoplobatrachus*

虎纹蛙 *Hoplobatrachus chinensis*

体型硕大，雄性体长可达9 cm，雌性大于雄性。头长大于头宽。鼓膜明显。具1对外声囊。体背黄褐色，具黑色斑。皮肤粗糙，无背侧褶，背部有较多细长疣粒形成多条肤棱。腹面肉色，咽喉、胸部具灰色斑。四肢具深色横纹。后肢粗壮。趾间全蹼。

栖息于海拔1 100 m以下的山区、丘陵。分布：河南、陕西、安徽、江苏、上海、浙江、江西、湖南、福建、台湾、四川、云南、贵州、湖北、广东、香港、澳门、海南、广西；老挝、柬埔寨、越南、泰国、缅甸。

大头蛙属 *Limnonectes*

版纳大头蛙 *Limnonectes bannaensis*

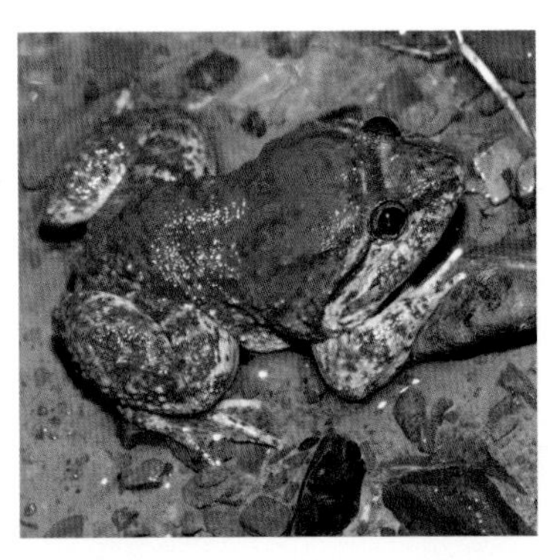

雄性体长 7~9 cm，雌性小于雄性。头长、头宽几乎相等。雄性头大，雌性及幼蛙头部比例较雄性小。上、下唇缘具黑色纵纹。无声囊。体背黑灰色、暗绿色、红棕色等，深色斑纹不明显，部分个体具黄色脊纹。腹面灰白色，下颌及咽喉具黑灰色云斑。四肢背面具深色横纹或无明显斑纹。后肢粗壮，趾间全蹼。

栖息于海拔 1 100 m 以下的山区，多生活在溪流缓流处石下或水塘中。分布：云南、广东、广西；越南、老挝、泰国。

脆皮大头蛙 *Limnonectes fragilis*

体型粗壮，雄性体长约 7 cm，雌性略小于雄性。头长、头宽几乎相等。上、下唇缘具黑色纵纹。枕部隆起。皮肤较光滑，极易破裂，从眼后至背侧各有 1 个断续成行疣粒形成的肤棱。体背黄褐色或棕褐色。背中部有 1 个黑色“W”形斑，一些个体有 1 条浅色脊线。腹面浅黄色，有的个体咽喉部及后肢腹面具棕色小点。四肢背面有深色横条纹。趾间全蹼。本种与版纳大头蛙相似，但指关节下瘤相对较大，无婚垫，且皮肤易破裂。

栖息于海拔 900 m 以下的山区平缓水浅的流溪内。分布：海南。

福建大头蛙 *Limnonectes fujianensis*

体型粗壮，雄性体长5~6 cm，雌性略小于雄性。头大，头宽小于头长。上下唇缘具黑色纵纹。枕部隆起。无声囊。皮肤粗糙，不易破裂。具小圆疣粒。体背黄褐色或深褐色，具明显黑色斑。腹面灰黄色，一些个体胸部具黑色不规则云斑。四肢背面具深色横条纹。趾间 1/2 蹼。

栖息于海拔 1 100 m 以下的山区平缓水浅的流溪中。分布：江苏、浙江、江西、福建、湖南、安徽、台湾、广东、香港。

刘氏泰诺蛙 *Limnonectes liui*

雄性体长 3.2~2.9 cm，雌性略小于雄性。头顶平，头长近似等于头宽。吻钝圆，吻棱不明显。鼓膜大而明显。无声囊。皮肤粗糙而薄，无背侧褶。两眼间有深色横纹，上唇有较宽黑色斑。背面棕黄色，有深褐色不规则斑点。四肢背面有黑色横纹。指间无蹼，趾间蹼不发达。

栖息于海拔 550~750 m 的热带山区。分布：云南。

小跳蛙属 *Ingerana*

北蟾舌蛙 *Ingerana borealis*

雄性体长 2~2.5 cm，雌性略大于雄性。头顶隆起，头宽略大于头长。吻棱圆。鼓膜不明显。两眼间具黑色横纹。咽喉处有成片黑色斑。体背深褐色，具黑色斑。背部有细小疣粒。腹面光滑，有淡灰色网状纹。无背侧褶。四肢具模糊横纹。指、趾端具小吸盘。趾间几乎为全蹼。

栖息于海拔 400 m 的溪流石下及附近。分布：西藏；不丹、印度、缅甸。

浮蛙属 *Occidozyga*

圆舌浮蛙 *Occidozyga martensii*

小型蛙类，雄性体长约 2 cm，雌性略大于雄性。头宽近似等于头长。吻端钝圆，吻棱不明显。鼓膜不明显。具单咽下内声囊。眼后方具 1 条肤沟。皮肤粗糙，遍布大小不一的圆疣。体背浅棕色、灰棕色或棕红色。一些个体有脊纹。腹面白色。前肢短粗，后肢粗壮。

栖息于海拔 1 000 m 以下的稻田、水塘等环境中。分布：广东、广西、海南、云南；泰国、柬埔寨、老挝、越南。

尖舌浮蛙 *Occidozyga lima*

小型蛙类，雄性体长约2 cm，雌性略大于雄性。头宽近似等于头长。吻端钝圆，吻棱不明显。鼓膜不明显，但轮廓清晰。具单咽下内声囊。体背皮肤粗糙，遍布小疣粒，灰绿色或绿褐色，具黑色斑。背中线具浅色脊纹。腹面粗糙，灰白色。四肢粗短，指基部有蹼。趾间满蹼。

栖息于海拔650 m以下的池塘、稻田等静水环境中。分布：云南、海南、江西、福建、广东、广西、香港；印度、孟加拉国、缅甸、马来西亚、印度尼西亚、老挝、柬埔寨、越南。

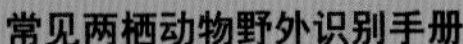

倭蛙属 *Nanorana*

倭蛙 *Nanorana pleskei*

体型较小，雄性 2.8~3 cm，雌性略大于雄性。头宽略大于头长。瞳孔横椭圆形。鼓膜较小。无声囊。无背侧褶，皮肤粗糙，具长短不一疣粒。体色多变，常见绿色、灰褐色、黄褐色等。体背具深褐色大斑块。脊背中央多具 1 条浅色纵条纹，从眼间延伸至肛门附近。腹面淡黄色无斑点。雄性胸部有 1 对细密刺团。四肢具斑深色条纹或斑点。

栖息于海拔 3 300~5 200 m 的高原沼泽、池塘等环境中。分布：青海、甘肃、四川、西藏（东部）。

高山倭蛙 *Nanorana parkeri*

体型较小，雄性体长 4~5 cm，雌性略大于雄性。头宽略大于头长。瞳孔横椭圆形。无鼓膜。无声囊。无背侧褶，皮肤粗糙，具长疣粒。体背橄榄棕色或灰褐色，具深褐色较小斑块。大多数个体脊背中央无浅色纵条纹。腹面淡黄色具灰棕色斑点。雄性胸部有 1 对细密刺团。与倭蛙相似，但本种无鼓膜，且体色变异相对较少。

栖息于海拔 2 800~4 700 m 的高原湿地环境中。分布：西藏；巴基斯坦、尼泊尔、不丹。

察隅棘蛙 *Nanorana chayuensis*

雄性体长 5.5~7.5 cm，雌性大于雄性。头较扁平，头宽略大于长。吻棱明显。具咽下内声囊。鼓膜小。瞳孔横置，椭圆形。无背侧褶。体背淡黄褐色或绿色，具细长且大小几乎相等的疣粒，疣粒上具小黑刺。体背黄褐色或黄绿色，有大小不一的黑色斑点或网状斑。四肢具条形斑及不规则小细斑点。繁殖期雄性胸前具两团黑色角质刺团。

栖息于海拔 1 000~1 500 m 的山区溪流中，多栖息于水边或水中石块上方。分布：西藏、云南。

棘臂蛙 *Nanorana liebigii*

体长 5.4~12 cm。头宽略大于头长。吻钝圆，吻棱不显。鼓膜不明显。颞褶斜直而粗厚。具 1 对咽下内声囊。背面皮肤粗糙，背部及体侧遍布圆疣或长疣。眼后至胯部长疣连缀呈断续的背侧褶。体背多为黄褐色、红褐色或橄榄褐色。腹部及四肢腹面灰白色。雄性胸部及前臂内侧有 1 对刺团，刺团延伸至前肢前腹面。一些个体四肢背面有横纹，无明显斑纹。趾间全蹼。

栖息于海拔 1 900~3 900 m 的高山小溪附近。分布：西藏；尼泊尔、印度。

墨脱棘蛙 *Nanorana medogensis*

体长 6~11 cm。头宽大于头长。吻钝圆，吻棱明显。鼓膜隐蔽。具咽下内声囊。背部皮肤粗糙，具小圆疣或长疣。无背侧褶。体背暗绿色或灰绿色，一些个体背中线两侧及体侧黄绿色较为明显，在体背形成 4 条黄绿色条纹。疣粒处多有不规则黑色斑点。腹面肉白色，咽喉处有灰色云斑。四肢背面具深褐色横条纹。趾间满蹼。

栖息于海拔 1 000 m 左右的山区小溪流环境中。分布：西藏。

隆肛蛙 *Nanorana quadranus*

雄性体长 8~9 cm，雌性略大于雄性。头宽大于头长。吻较圆，吻棱明显。鼓膜小而不明显。头顶皮肤较为光滑。体背、体侧及四肢背面布满疣粒。背面体色变异较大，多为灰褐色、橄榄绿色或黄褐色。体侧棕黄色具黑色云斑，腹面及四肢腹面鲜黄色，具灰棕色斑点。四肢背面横纹清晰，四肢腹面黄色深于腹面。有内跗褶，趾间满蹼。指、趾端无吸盘。

栖息于海拔 300~1 800 m 的山区溪流或沼泽环境中。分布：甘肃、陕西、四川、重庆、湖南、湖北。

太行隆肛蛙 *Nanorana taihangnica*

雄性体长 5~8 cm，雌性略大于雄性。头宽大于头长。吻较圆，吻棱明显。两眼间有 1 个白点。鼓膜小而不明显。皮肤较为光滑，体背面散布少量长疣或圆疣。体后部、肛周及后肢背面有白色痣粒。背面多为褐色或棕黄色，夹杂云斑。腹面及四肢腹面灰白色，咽喉部及腹侧有深色斑纹。体侧有黄色点状斑。四肢具黑色横纹。无内跗褶，趾间满蹼。本种与隆肛蛙外观相似，但皮肤较为光滑，无内跗褶，腹面具灰白色；而隆肛蛙皮肤粗糙，有内跗褶，腹面多为黄色或橘黄色。

栖息于海拔 500~1 700 m 的山谷溪流及附近。分布：河南、山西、陕西。

康县隆肛蛙 *Nanorana kangxianensis*

雄性体长 6~9 cm，雌性略大于雄性。头宽大于头长。吻端圆，吻棱不明显。鼓膜明显。颞褶明显。皮肤较光滑，体背散布少量长疣或小圆疣。体背及四肢皮肤灰绿色或柠檬黄色，间有黑褐色云状斑。腹面光滑，灰白色。下颌及前胸具密集灰色小斑点。四肢具深灰色粗条纹。趾间全蹼。

栖息于海拔 800~2 000 m 的山区溪流及其附近。分布：甘肃。

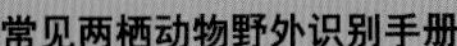

隆子棘蛙 *Nanorana zhaoermii*

体型中等，雄性体长 6.5~7.5 cm，雌性略小于雄性。头宽略大于头长。雄性胸部具 2 团较大黑色角质婚刺。鼓膜小且边缘不显。体背面具小瘰粒及白色疣粒。无背侧褶。体背及四肢背面草绿色、深褐色或锈红色具大小不一的点状斑，雌性斑纹颜色较浅，体侧具黄褐色纵纹。腹面浅粉红色，下颌边缘、喉部、胸部及体侧具灰色云斑。四肢背面具 5~11 条横条纹。趾间全蹼。

栖息于海拔 2 700~3 200 m 的山区溪流环境中。分布：西藏。

棘胸蛙属 *Quasipaa*

棘腹蛙 *Quasipaa boulengeri*

体型肥硕，雄性体长可达 10 cm，雌性略大于雄性。头宽大于头长。吻钝圆。鼓膜不明显。具单咽下内声囊。瞳孔呈菱形。两眼间多具 1 条黑色横纹。体背皮肤粗糙，具明显的长条形肤棱。体色多为黄棕色或深褐色。肚面遍布大小不等的黑色刺疣，以胸部最大，近咽喉及肛门处逐渐变小。后肢粗壮。四肢具横纹。趾间全蹼。

栖息于海拔 1 900 m 以下的山区溪流或水塘中。分布：陕西、山西、甘肃、四川、重庆、云南、贵州、湖北、江西、湖南、广西。

小棘蛙 *Quasipaa exilispinosa*

体型小而粗壮，体长 4~7 cm。头宽略大于头长。吻棱、鼓膜不明显。眼间有 1 条黑色横纹。无背侧褶。体背皮肤粗糙，遍布圆疣或窄长疣。疣上具黑色角质刺。体背多为棕色，有连缀成片或散布的深褐色斑。个别个体头部及体背有不规则红色斑。雄性前臂粗壮，胸部具圆疣，圆疣上方有黑色角质刺。四肢背面具深色横纹。本种与棘胸蛙相似，但本种个体较小，趾间蹼较弱；而棘胸蛙个体较大，趾间全蹼。

栖息于海拔 500~1 400 m 植被茂盛的小溪或沼泽附近。分布：湖南、江西、广东、广西、福建、浙江、安徽、香港。

九龙棘蛙 *Quasipaa jiulongensis*

体型肥硕，雄性体长可达 11 cm，雌性略小于雄性。头宽略大于头长。吻端钝圆，吻棱不明显。鼓膜隐蔽。具单咽下内声囊。体背及四肢背面皮肤粗糙，布满小疣粒，间杂少数大长疣。背部黄褐色，两侧各具 4~5 处明显的形状不规则的黄色斑点。部分个体背中线具脊纹。腹面灰白色。雄性胸部布满疣粒，疣粒上具黑色锥状角质刺疣。四肢背面具深色横斑。趾间全蹼。

栖息于海拔 800~1 200 m 山区的小型溪流中。分布：江西、浙江、福建。

棘侧蛙 *Quasipaa shini*

体型肥硕，雄性体长 9~11.5 cm，雌性略小于雄性。头宽大于头长。吻棱不明显。瞳孔菱形。两眼间具褐色宽横纹。眼后方具横肤沟。体背、体侧皮肤粗糙，无背侧褶。背部有排列成纵行的长疣粒。其间分散有小圆疣。

背面深棕色。腹面灰白色，咽喉及股、胫腹面色深。雄性胸部、前腹部均有圆疣，并延伸至体两侧。圆疣上有黑色小刺。四肢背面皮肤粗糙，具黑色横斑。趾间全蹼。

栖息于海拔 1 000 m 左右的植被茂盛的山林中，多见于溪流内。分布：贵州、湖南、广西。

叶氏隆肛蛙 *Quasipaa yei*

雄性体长 5.5~6 cm，雌性略大于雄性。头宽大于头长。吻端圆钝，吻棱不明显。鼓膜不明显。雄性具单咽下内声囊。皮肤粗糙，遍布疣粒，背部疣粒较大。背面多为褐色或黄绿色，具深褐色斑。体腹面白色，咽喉处有黑色雾状小斑点。四肢腹面黄色。后肢强壮。雄性肛孔上方有大小不一的乳状突起，并有黑色角质小刺。雌性肛孔上方有 1 个囊泡。

栖息于海拔 600 m 以下的林木茂盛的山区较为湍急的溪流附近。分布：河南、安徽。

棘胸蛙 *Quasipaa spinosa*

体型甚肥硕，体长 10~15 cm。吻端圆，吻棱不明显。头长小于头宽。外形与棘侧蛙相似，但本种胸部每个肉质疣上仅 1 枚小黑刺。体侧无刺疣。体背面颜色变异大，多为黄褐色、褐色或棕黑色，两眼间有深色横纹。上、下唇缘均有浅色纵纹，体和四肢有黑褐色横纹。腹面浅黄色，无斑或咽喉部和四肢腹面有褐色云斑。

栖息于海拔 600~1 500 m 林木繁茂的山溪中。分布：云南、贵州、安徽、江苏、浙江、江西、湖北、湖南、福建、广东、广西、香港。

亚洲角蛙科 Ceratobatrachidae　舌突蛙属 *Liurana*

西藏舌突蛙 *Liurana xizangensis*

雄性体长约 2 cm。头宽大于头长。吻钝圆，吻棱明显。上眼睑间有黑色横纹。颞褶明显。鼓膜大而明显。无声囊。体背面皮肤较光滑，有分散小疣，以体侧及肛周较多。股、胫部小疣明显。背面棕褐色，从吻端沿吻棱经上眼睑外缘至颞褶有 1 条黑纹。眼前角下方至鼓膜前缘具黑纹，背部前后各有 1 个深色斑。四肢背面横纹清晰。无背侧褶。腹面呈肉色，有扁平大疣，有黑色网状斑。四肢背面具深色横条纹，四肢腹面橘红色。趾间无蹼。

栖息于海拔 2 300 m 左右的针阔叶混交林中，不易被发现。分布：西藏。

墨脱舌突蛙 *Liurana medogensis*

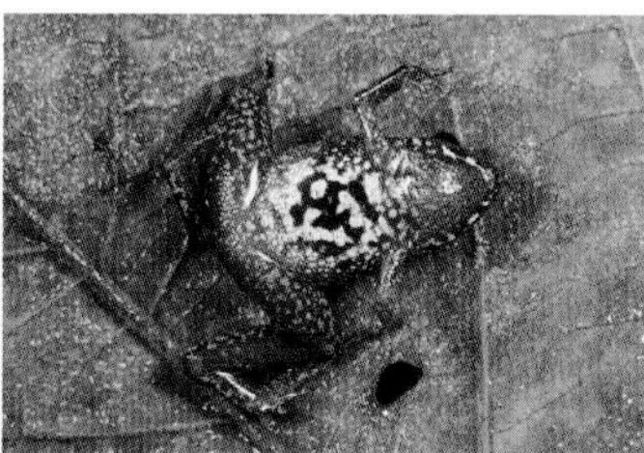

雄性体长 1.4~1.8 cm。头宽大于头长。吻端钝，吻棱明显。两眼间具 1 条深色横纹，眼后至颞褶下缘有 1 条黑色带状条纹。鼓膜大而圆。无声囊。下颌具深灰色细小点状斑。体背皮肤光滑，有 2 对较为清晰的肤褶。体背紫褐色或浅褐色。肩部具 1 个“八”字形褐色斑。腹面乳白色，胸、腹部具黑色网状斑。四肢背面具深色条纹，腹面褐色，具棕色小斑点。趾间无蹼。本种与西藏舌突蛙相近，但内侧第一指远短于第二指，腹部皮肤光滑，无疣，具醒目的深色云斑；后者内侧第一指略短于第二指，腹部有扁平大疣且无云斑。

栖息于海拔 1 500 m 左右的湖边枯叶层中。分布：西藏。

蛙科 Ranidae　蛙属 *Rana*

黑龙江林蛙 *Rana amurensis*

雄性体长 5~6.5 cm，雌性略大于雄性。头长近似等于头宽。吻端钝圆，略尖，吻棱明显。鼓膜明显，大于眼径的 1/2。无声囊。背侧褶明显。体背皮肤较粗糙，布满小疣粒，体侧圆疣较体背大。雄性体背多为灰棕色，雌性多为红棕色，背部有较多深棕色纵条纹。雄性腹面灰白色，雌性腹面多深灰色。背侧褶以下多深棕色，至腹面逐渐变浅。体腹面及四肢腹面有较多红色网状斑点。指、趾端钝尖。

栖息于海拔 600 m 以下的山区、丘陵及林地环境中。分布：辽宁、吉林、黑龙江、内蒙古；俄罗斯、蒙古国、朝鲜。

田野林蛙 *Rana arvalis*

雄性体长 4~5.8 cm，雌性略小于雄性。头扁平，头长近似等于头宽。吻端钝尖。吻棱明显。鼓膜较明显，约为眼径 1/2。无声囊。皮肤较光滑，背部皮肤有长疣。背侧褶宽厚。背面为褐色、灰黄色，具少许黑色或灰绿色斑。两眼间至体后端有浅色宽脊纹。体侧浅灰色，具少许斑点。腹面黄白色而无斑点。后肢较短。雄蛙趾间蹼较发达。指、趾端钝尖。繁殖期雄性体背呈淡蓝色或灰蓝色。

栖息于海拔 1 300~1 500 m 的山地森林或草原地区湿地、水域附近。分布：新疆；中欧及西伯利亚。

中亚林蛙 *Rana asiatica*

雄性体长 5~6 cm，雌性略大于雄性。头长略大于头宽。吻端钝尖，吻棱较明显。鼓膜圆。具 1 对咽侧下内声囊。皮肤较粗糙，背部皮肤上有较多疣粒。背面多为棕褐色、灰褐色或土黄色。体背具 1 条浅色宽脊纹。背侧褶色浅，多为棕黄色，外缘具断续的黑褐色条纹。体侧具大小不一的深色斑点。腹面黄白色，个别略显红色。四肢背面具深色横纹。趾间约 2/3 蹼。指、趾末端钝圆。

栖息于海拔 700~1 000 m 的沼泽、水塘或绿洲区稻田等环境中。分布：新疆；哈萨克斯坦、吉尔吉斯斯坦。

昭觉林蛙 *Rana chaochiaoensis*

雄性体长 5~6 cm，雌性略大于雄性。头长略大于头宽。吻钝圆，吻棱明显。鼓膜明显，约为眼径的 2/3。无声囊。皮肤较平滑。背部及体侧一般无疣。体背一般为黄棕色，有的为红棕色、深棕灰色或棕色，杂以黑色圆点。背部有黑色“∧”形细纹。部分个体散有橘红色小点。背侧褶色浅。体侧蓝灰色或棕红色，散布不规则的小黑点。腹面乳黄色或乳白色，近胯部及股腹面有的为橘红色。后肢修长。趾间蹼发达。指、趾端扁圆。

栖息于海拔 1 150~3 500 m 的山区和高原地区。分布：四川、云南、贵州。

中国林蛙 *Rana chensinensis*

雄性体长 4.4~5.3 cm，雌性略大于雄性。头扁平，头宽略小于头长或近似等于头长。吻钝圆，吻棱明显。鼓膜圆形，直径约为眼径的 1/2。具 1 对咽侧下内声囊。皮肤较光滑，背部及体侧有少而分散的小圆疣或长疣。体背多为土灰色、土黄色或棕黄色，散有黄色或红色斑点，两眼间有 1 条较浅黑褐色横纹。体侧近胯部绿色。雄性腹面多为乳白色，而雌性腹面多为黄绿色、红白色或棕红色。趾间蹼较发达，指、趾端钝圆。

栖息于海拔 200~2 100 m 的山地森林植被较茂盛的静水塘或山沟附近。分布：陕西、河南、安徽、山西、内蒙古、宁夏、甘肃、四川、重庆、湖北；蒙古国。

昆嵛林蛙 *Rana coreana*

雄性平均体长 4.1 cm，雌性平均体长 4.5 cm。头扁平，头长大于头宽。吻钝尖，吻棱明显。鼓膜明显，直径约为眼径的 1/2。无声囊。皮肤光滑，背侧褶细而明显。雄性体背及四肢背面灰黄色，雌性为淡橘黄色。无斑纹或斑纹少而不明显。上颌缘至前肢基部具 1 条醒目的金黄色细条纹。颞部有深褐色三角形斑。雄性腹部白色，无斑，雌性腹面有棕红色细碎网状斑。四肢背面具浅色横纹或不明显斑纹，部分个体四肢背面无斑纹。趾间约为 1/2 蹼。

栖息于海拔 400 m 左右的山区。分布：山东；韩国。

东北林蛙 *Rana dybowskii*

体型肥硕，雄性体长5.5~7 cm，雌性略大于雄性。头宽略大于头长。吻钝圆，吻棱明显。鼓膜圆形，直径略大于眼径的1/2。具1对咽侧下内声囊。背面皮肤较光滑，背侧褶明显。背部及体侧有少而分散的圆疣。体色随环境而异。体背多为灰褐色、棕褐色、深褐色、红棕色或灰棕色，上面多散以黑褐色斑点或无斑点，背侧褶色略浅，为棕红色、浅褐色或棕色。雄性腹面土灰色略带绿色，雌性腹面及四肢腹面红棕色或红黄色。趾间蹼发达。指端钝圆，趾端钝圆而略窄。

栖息于海拔900 m以下的多种陆地或水生环境中，多见于山区。分布：辽宁、吉林、黑龙江；俄罗斯、朝鲜、蒙古国。

寒露林蛙 *Rana hanluica*

雄性体长 5~6.5 cm，雌性略大于雄性。头长大于头宽。吻端钝尖，明显突出于下唇。鼓膜圆形。无声囊。背面皮肤光滑，雄性仅具小肤褶和无疣或有小疣粒，雌性背面及体侧常具少数圆疣。体色变异较大。繁殖季节雄性背面及体侧一般为绿黄色，雌性多为红棕色；非繁殖季节雌雄多为橄榄棕色或灰棕色。体腹面浅黄色或乳白色。四肢背面具窄长黑褐色横纹。趾间蹼发达。指、趾端钝圆，末端略膨大。

栖息于海拔 800~1 300 m 的山谷中，多于寒露时节开始繁殖。分布：湖南。

越南趾沟蛙 *Rana johnsi*

雄性体长 4~4.7 cm，雌性略大于雄性。头长大于头宽。吻端钝圆，吻棱明显。鼓膜明显。雄性具 1 对咽侧下内声囊。皮肤光滑，背侧褶细而明显。背面褐色、棕红色或黄褐色，两眼间具深褐色横纹或三角斑。腹面灰白色或浅黄色，具或深或浅的灰色云斑。四肢背面具深褐色横纹。趾间全蹼。趾端呈小吸盘状，腹侧有沟。

栖息于海拔 600~1 200 m 的山区林间。分布：广东、广西、海南、重庆；越南、老挝、泰国、柬埔寨。

高原林蛙 *Rana kukunoris*

雄性体长 5~6 cm，雌性略大于雄性。头宽略大于头长。吻端钝圆，吻棱钝而明显。鼓膜约为眼径的 1/2。具 1 对咽侧下内声囊。皮肤较粗糙，体背及体侧具分散的较大圆疣及少数长疣。背面灰褐色、棕褐色、棕红色或灰棕色。背侧褶色浅。体侧散有红色点斑。股内外侧分别为黄绿色和肉红色。雄蛙腹面多为粉红色或黄白色，雌蛙腹面多为红棕色或橘红色。一些个体咽胸部散有灰色斑点。后肢较为短小，趾间蹼较发达。指、趾端钝圆。

栖息于海拔 2000~4400 m 山区高原草甸、流石滩、河流附近灌丛及林缘环境中。分布：青海、四川、甘肃、西藏。

长肢林蛙 *Rana longicrus*

雄性体长 3.7~4.5 cm，雌性略大于雄性。体窄长。头长大于头宽。吻长而尖，吻棱不甚明显。鼓膜直径约为眼径的 3/4。无声囊。皮肤光滑，背部和体侧具不明显的疣粒。体背面黄褐色、赤褐色、绿褐色或棕红色。两眼之间有 1 条不明显的黑横纹，背部和体侧有分散的黑色斑点。腹面白色，有的胸部具浅黑色斑纹。四肢背面有黑褐色横纹。后肢修长。雄蛙趾间具 1/2 蹼或 1/3 蹼，雌性蹼弱于雄性。趾端钝圆而略膨大或不膨大。

栖息于海拔 1 000 m 以下的平原、丘陵及山区，多见于以阔叶林、农耕地。分布：广东、福建、台湾。

猫儿山林蛙 *Rana maoershanensis*

雄性体长 4.5~5.5 cm，雌性略大于雄性。头宽大于头长。吻端钝尖，吻棱明显。鼓膜圆形，直径约为眼径的 1/2。无声囊。皮肤较光滑，有的个体肩上方有“∧”形疣粒。体背面多为红褐色或褐色，具黑褐色条形斑或点状斑。颞部具深褐色三角形斑。体腹面乳黄色。四肢背面具深色横纹。指、趾端钝而无沟。趾间蹼缺刻较深。

栖息于海拔 2 000 m 左右的山区。分布：广西。

峨眉林蛙 *Rana omeimontis*

雄性体长 5.5~6.5 cm，雌性略大于雄性。头宽略小于头长。吻端钝尖，吻棱略明显。鼓膜直径约为眼径的 2/3。无声囊。皮肤光滑，疣粒小而稀少。背侧褶明显。体色变异较大。繁殖季节雄性体背面及体侧一般为绿黄色、草黄色或绿灰色，上有浅棕色或深灰色小点。四肢背面一般具黑色横纹。腹面乳黄色。趾间蹼发达，雌蛙蹼略小。指、趾端圆。本种与昭觉林蛙外形相似，但吻端更尖。

栖息于海拔 250~2 100 m 的平原、丘陵和山区。分布：四川、重庆、甘肃、贵州、湖南、湖北。

桑植趾沟蛙 *Rana sangzhiensis*

雄性体长 4~4.7 cm，雌性略大于雄性。头长大于头宽。吻端钝圆，吻棱明显。鼓膜明显。有 1 对咽侧下内声囊。皮肤光滑，背侧褶细而明显。背面褐色、棕红色或黄褐色，两眼间有深褐色横纹或三角斑。腹面灰白色或浅黄色，具或深或浅的灰色云斑。四肢背面有深褐色横纹。趾间全蹼。趾端呈小吸盘状，腹侧有沟。

栖息于海拔 600~1 200 m 的山区林间。分布：湖南、四川。

胫腺蛙 *Rana shuchinae*

体长约 4 cm。头长略大于头宽。吻端钝圆，吻棱明显。鼓膜圆而明显，呈红棕色。具 1 对咽下内声囊。皮肤光滑，腺体发达，胫和跗外侧凹凸不平，具较粗厚的腺体。头顶前部浅黄绿色，向后逐渐变为橘红色或红棕色。两眼间具 1 条黑色细横纹，将头顶和背部不同颜色分隔。头侧沿吻棱有较窄黑条纹。背正中有 1 条浅黄色脊纹。体侧上部为褐黑色，体侧下部及四肢背面与头顶前部同色，具褐色斑纹。肩上方有黄色斑纹。腹部米黄色，有少量斑点。

栖息于海拔 3 000~3 600 m 的高山或高原地区水源附近，雄蛙鸣声为“咯，咯”，有集群繁殖习性。分布：四川、云南。

镇海林蛙 *Rana zhenhaiensis*

体长 4~5 cm。头长大于头宽。吻端钝尖。吻棱较钝。鼓膜明显。皮肤光滑，仅体侧具少量圆疣或长疣粒。背侧褶细窄。雄性背部一般为橄榄棕色、棕灰色或棕褐色。产卵季雌性一般为红棕色或棕黄色。个别个体背部散布棕黑色或深灰色小点。鼓膜处三角形黑色斑明显。雄性腹面乳白色，咽胸部有深灰色斑点；雌蛙腹部深黄色，咽胸部有橘红色斑。胫、股处具浅棕色条纹。指端钝圆，趾端钝尖。

栖息于海拔 1 800 m 植被繁茂的山区。分布：浙江。

大别山林蛙 *Rana dabieshanensis*

雄性体长 5~6 cm，雌性略大于雄性。头长近似等于头宽。吻端长而钝尖，吻棱明显。鼓膜明显。体背皮肤光滑，腿上有小颗粒。背部颜色变异较大，多为土黄色至灰褐色。

栖息于海拔 1 100 m 左右的山区。分布：安徽。

湍蛙属 *Amolops*

白刺湍蛙 *Amolops albispinus*

雄性体长 3.7~4.2 cm，雌性大于雄性。头长、头宽近似相等。吻短而钝圆，突出于下唇，吻棱明显。鼓膜小而不明显。无声囊。皮肤粗糙，头、躯干以及四肢背部满布细小痣粒，间以较大痣粒。婚刺为白色。背面黄褐色，其上具黑棕色大斑块。腹面白色。喉部、胸部具灰黑色云斑。趾间全蹼。指、趾端具吸盘及边缘沟。本种与华南湍蛙相似，但上下唇缘、颊部以及鼓膜区有白色细刺粒。

栖息于海拔 500 m 以下石块丛生的湍急溪流环境中。分布：广东。

察隅湍蛙 *Amolops chayuensis*

雄性体长约 4 cm，雌性略大于雄性。头长近似等于头宽。吻钝圆，吻棱明显。上唇缘具黑色斑。皮肤光滑。背侧褶明显，铜棕色。体背、体侧均为草绿色，具少量小黑色斑点。体侧靠近腹部处色浅，具较多黑色斑。腹面浅黄色。雌性咽部、胸部具不规则的斑点，雄性腹部无斑。肛门附近橘红色。指、趾端具吸盘，吸盘处黄褐色。

栖息于海拔 2 000 m 左右山区的湍急溪流环境中。分布：西藏。

崇安湍蛙 *Amolops chunganensis*

雄性体长一般不超过4 cm，雌性4.5~5.5 cm。头宽略小于头长。鼓膜、吻棱明显。眼大。眼下及上唇间有1道白色条纹延伸至肩部，眼后有1道棕黑色斑，自眼后至肋侧逐渐减淡。体表光滑，体背棕褐色或红棕色，密布深色细小斑点，体侧灰绿色。四肢背面有深色横纹。腹面浅黄色。

栖息于海拔700~1 800 m的山区，多见于溪流旁的石块上，5—8月均可见繁殖。分布：陕西、甘肃、四川、重庆、贵州、湖南、浙江、云南、广西、福建；越南。

棘皮湍蛙 *Amolops granulosus*

雄性体长 3.5~4 cm，雌性略大于雄性。头扁平，头长略大于头宽。吻棱明显。鼓膜小而清晰。雄性具 1 对咽下内声囊。雄性体表及四肢皮肤粗糙，遍布小白刺。雌性皮肤光滑。体背褐色、紫棕色或绿色，有少数黑色斑点。腹面乳白色。四肢背面具黑色横纹。除第四趾外，其余各趾之蹼迭趾端。第一指端膨大而无吸盘，其余各指均有吸盘。

栖息于 700~2 200 m 的山区森林草地中。分布：四川、重庆、湖北。

海南湍蛙 *Amolops hainanensis*

雄性体长约 8 cm，雌性略小于雄性。头长近似等于头宽。眼较大。鼓膜很小。无声囊。体表粗糙，背部多具 2~4 列大疣粒，大疣粒间散布小疣粒。无背侧褶。体背黄褐色或灰绿色，具大片不规则的深色斑，彼此连缀成片。四肢背面有清晰的椭圆形斑或横斑。趾间全蹼。指、趾具吸盘，指端吸盘甚大。

栖息于海拔 850 m 以下的溪流、瀑布旁的石块或石壁上，夜间活动为主，4—8 月繁殖。分布：海南。

香港湍蛙 *Amolops hongkongensis*

雄性体长约 4 cm，雌性略大于雄性。头扁平，头长近似等于头宽。吻棱明显。鼓膜隐蔽。雄性有 1 对内声囊。体表密布小痣粒，间以较大痣粒。无背侧褶。体色与华南湍蛙相似但略小且后肢短。背部黄褐或灰褐色，间以棕黑色斑，连缀成片。四肢具不清晰横斑。指、趾端具吸盘，第二至四指吸盘较大。趾间全蹼。

栖息于海拔 300 m 以下的山溪急流处，8 月繁殖。分布：广东、香港。

棕点湍蛙 *Amolops loloensis*

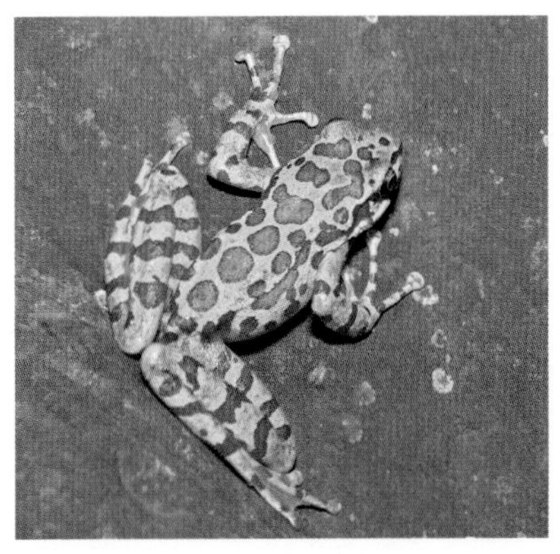

雄性体长 6~8 cm，雌性略大于雄性。头长近似等于头宽。吻钝圆，吻棱不甚明显。鼓膜小，不明显。无声囊。无背侧褶。体表暗绿色或墨绿色，背部有较大棕色圆形色斑，彼此多数不相连缀，色斑边缘呈黑色。四肢修长，有棕色横纹；后肢较长，跳跃力强。指、趾端具吸盘，趾吸盘小于指吸盘。除第四趾蹼达第三关节下瘤外，其余趾间全蹼。

栖息于海拔 1 700~3 200 m 的山区，夜间活动为主，常蹲坐于水流较急的溪流边大石块上捕食昆虫。5 月中旬至 6 月中旬繁殖。分布：四川、云南。

四川湍蛙 *Amolops mantzorum*

雄性体长 5 cm，雌性明显大于雄性。头扁平，头长略小于头宽。吻端圆，吻棱略显。鼓膜小。无声囊。皮肤光滑，仅头、体侧有少量疣粒。体色变异较大，有些个体体背绿色，具不规则棕色斑；也有些个体背面棕褐色，散布绿色大斑。四肢背面具棕色不规则横斑，腹面黄色。蹼橘黄色。

栖息于海拔 1 000~3 800 m 的大型山溪、河流两侧或瀑布较多的溪段中。分布：四川。

林芝湍蛙 *Amolops nyingchiensis*

雄性体长 4.8~5.8 cm，雌性 5.7~7 cm。头宽略小于头长。吻棱、鼓膜明显。雄性无声囊。四肢细长。体表皮肤光滑，体背淡红褐色、淡黄褐色或灰绿色，背侧褶明显。背侧褶处及四肢背面略呈肉红褐色。体侧与腹面交界处呈鲜艳的黄色。腹面灰白色。后肢具较细的横纹。指、趾间端具吸盘，第一指吸盘较小。指、趾间蹼发达。

多栖息于海拔 2 000 m 以下水质清澈的溪流处，夜间活动。分布：西藏。

华南湍蛙 *Amolops ricketti*

中型蛙类，雄性体长约 5.5 cm，雌性略大。头部扁平，头长略小于头宽。吻端钝圆，吻棱明显。无声囊。鼓膜不明显。体表遍布细小痣粒，间以均匀的较大痣粒。体背灰绿色或黄绿色，密布深棕色斑纹，连缀成片。腹面乳黄色，咽胸部具灰黑色网状云斑。四肢具深棕色横斑，四肢腹面肉黄色。雄性第一指基部有乳白色婚刺。指、趾端具吸盘，趾间全蹼。

栖息于海拔 1 500 m 以下的水流湍急的溪流附近，5—6 月繁殖。分布：湖南、湖北、江西、浙江、福建、广西；越南。

小湍蛙 *Amolops torrentis*

雄性体长约 3 cm，雌性略大于雄性。头长头宽几乎相等。眼较大。吻棱明显。鼓膜大而明显。雄性有 1 对咽下内声囊。体表散布大小疣粒。无背侧褶。体背棕褐色，具不规则深褐色花斑，连缀成片。四肢背面有明显的深色横纹。指、趾端具吸盘，趾端吸盘较小。趾间全蹼。

栖息于海拔 800 m 以下的植被繁茂的山间溪流内，5—8 月繁殖。分布：海南。

平疣湍蛙 *Amolops tuberodepressus*

雄性体长 5~5.5 cm，雌性大于雄性。头扁平，头长略大于头宽。吻端圆润，吻棱明显。鼓膜明显。无声囊。背面皮肤平滑，头侧、体侧有少数扁平疣粒。无背侧褶。体背绿色、暗绿色或蓝绿色，有不规则的棕色花斑。体侧及四肢背面颜色与体背相同，四肢背面具横纹。咽胸部具深灰色花斑或网纹。腹面及四肢腹面为乳黄色。

栖息于海拔 1 000~2 500 m 的瀑布较多的急流山溪环境中，多见于大石块上。分布：云南。

绿点湍蛙 *Amolops viridimaculatus*

雄性体长 7~8 cm，雌性略大于雄性。头扁平，头宽略小于头长。吻端圆钝，突出于下唇，吻棱圆。鼓膜小而明显。无声囊。皮肤光滑。无背侧褶。体背棕色，背面及体侧有分散的近圆形或椭圆形的绿色斑块，斑块边缘规则而清晰。腹面黄色或白色，咽胸部无明显黑色斑。指、趾端具吸盘，第一指吸盘较小。趾间全蹼。

栖息于海拔 1 300~2 300 m 的山间溪流或小瀑布附近，常蹲坐于潮湿的石壁或树木上。分布：云南；印度、越南。

武夷湍蛙 *Amolops wuyiensis*

雄性体长4~4.5 cm，雌性略大于雄性。头扁平，头宽小于头长。吻端钝圆，吻棱明显。鼓膜小而不清晰。皮肤略粗糙，体背及后肢背面具许多米色小痣粒。无背侧褶。体背多为黄绿色或灰棕色，散有不规则棕黑色斑块。腹面白色，咽喉部紫灰色。指间无蹼，趾间全蹼。指、趾端具吸盘。

栖息于海拔100~1 300 m较宽溪流附近。分布：安徽、浙江、江西、福建。

新都桥湍蛙 *Amolops xinduqiao*

雄性体长4.2~4.5 cm，雌性明显大于雄性。头宽近似等于或稍大于头长。吻端钝尖，吻棱明显。鼓膜小而清晰。无声囊。体背光滑，背侧褶明显。上唇缘上方有1条白色条纹。体背棕色，具不规则绿色斑点，连缀成片。体侧上半部分绿色，下半部分白色，有模糊黑点。头体腹面乳白，喉部、胸部以及腹部边缘布有不规则的深灰色斑点。指、趾端具吸盘。第一指吸盘最小。除第四趾两侧的蹼达远端关节外，其余各趾蹼达吸盘。

栖息于海拔3 300~3 500 m的高原地区，多见于水流较湍急的河流或溪流旁。分布：四川。

水蛙属 *Hylarana*

沼水蛙 *Hylarana guentheri*

雄性体长 5~8 cm，雌性略大于雄性。头扁平，头宽小于头长。吻尖长。鼓膜明显，直径约为眼径的 4/5。吻棱明显。具 1 对咽侧下外声囊。皮肤光滑，背侧褶显著但不宽厚。体背棕黄色或棕色，背侧褶以下具黑色纵条纹。体侧、前肢前后及后肢内侧具不规则黑色斑。前肢基部靠前方多有 1 条黑色横细纹，不达肘关节，后肢背面多有黑色横纹。腹面浅黄色。

栖息于海拔 1 100 m 以下的平原或丘陵和山区，鸣声略似狗叫。分布：河南、四川、重庆、云南、贵州、湖北、安徽、湖南、江西、江苏、上海、浙江、福建、台湾、广东、香港、澳门、广西、海南；越南。

阔褶水蛙 *Hylarana latouchii*

雄性体长 3.5~4 cm，雌性略大于雄性。头宽小于头长。吻端短而钝，略圆，吻棱明显。鼓膜明显，直径为眼径的 3/5~7/10。具 1 对咽侧内声囊。吻端经鼻孔下方具黑色条纹。皮肤粗糙。体背多为褐色或黄褐色。体侧具不规则黑色斑。背侧褶明显而宽阔，多为橙红色。腹面乳黄色或灰白色。趾末端具吸盘。四肢背面具黑横纹。

栖息于海拔 30~1 500 m 的平原、丘陵和山区。分布：贵州、河南、安徽、江苏、浙江、江西、湖南、湖北、福建、台湾、广东、香港、广西、云南。

茅索水蛙 *Hylarana maosonensis*

雄性体长约 4 cm，雌性大于雄性。头扁平，头宽略小于头长。吻端钝圆，突出于下唇。鼓膜明显。具 1 对咽侧下内声囊。体背皮肤较粗糙，具大小一致的疣粒。背侧褶较窄，浅棕色。两眼前角多有 1 个小白点。体背和四肢背面多为棕色、灰棕色或浅褐色，具较大黑色斑。体侧无明显黑色条带。腹面黄白色。咽喉后部具 1 对深色斑。四肢背面具浅褐色横纹。趾间 1/2 蹼。

栖息于海拔 800 m 以下的溪流环境中。分布：广西；越南、老挝。

勐腊水蛙 *Hylarana menglaensis*

体长4~5 cm。头宽略小于头长。吻钝圆而略尖，吻棱明显，下方有1条黑带。鼓膜明显。具1对咽侧下内声囊。皮肤较为光滑，背部有许多小痣粒和少数大疣粒，体背后部和肛孔附近及股部后上方皮肤粗糙。腹面光滑。体背面多为棕褐色，疣粒处多有黑色斑点。体后端有2列黑色斑，排列规则，且较明显。体侧浅灰棕色，具许多黑褐色斑。腹面呈乳黄色，咽胸部灰色。背侧褶下方具褐黑色斑纹，但不形成完整的纵行宽带。四肢背面的颜色与背部的相同或略浅，具黑色宽窄不一的横纹。大腿后方遍布黑色云斑。指端具小吸盘，趾端具吸盘和腹侧沟。

栖息于海拔120~1 000 m山区水流较缓的小溪岸边、土洞或树根下。分布：云南；缅甸、老挝、越南。

黑带水蛙 *Hylarana nigrovittata*

雄性体长 4~5 cm，雌性略大于雄性。吻端略尖，突出于下唇，吻棱明显。鼓膜明显，略小于眼径。具 1 对外声囊。体背红棕色或灰棕色，具小黑点。体侧浅灰棕色，具较大黑色斑。四肢背面具横纹。指端具小吸盘，趾端具吸盘和横沟。

栖息于平缓溪流环境中。分布：云南；老挝、泰国、缅甸、尼泊尔、印度、马来西亚。

细刺水蛙 *Hylarana spinulosa*

雄性体长 4 cm 左右，雌性大于雄性。头宽略小于头长。吻端钝圆，吻棱明显。鼓膜明显。有 1 对咽侧下内声囊。体表皮肤粗糙，布满细小白色刺粒。体背多具灰黄色、黄褐色或红棕色，疣粒部位多具黑色斑点。四肢背面多具深色横纹。腹面黄白色，咽胸部具灰色云斑。指、趾端扁平形成吸盘，趾间 1/2 蹼。

栖息于海拔 650 m 以下的中型溪流及附近。分布：海南。

台北纤蛙 *Hylarana taipehensis*

体型纤细、窄长，雄性体长约3 cm，雌性略大于雄性。头宽小于头长。吻长而尖，明显突出于下唇，吻棱明显。鼓膜较大，与眼径大小相近。无声囊。皮肤光滑，背侧褶明显且多为白色或金黄色，两侧各具1条深褐色条纹。体背绿色，体侧棕色。四肢浅棕色，具不明显横纹（一些个体无横纹）。四肢细长。指、趾端略膨大为窄长的吸盘。趾间蹼不发达。

栖息于海拔600 m以下的山区、稻田、水塘、溪流等杂草丛生的环境中。分布：云南、福建、贵州、广东、香港、广西、海南；老挝、越南、柬埔寨、泰国、缅甸、孟加拉国。

长趾纤蛙 *Hylarana macrodactyla*

体型纤细、窄长，雄性体长约 3 cm，雌性略大于雄性。头宽明显小于头长。吻长而尖，明显突出于下唇，吻棱钝。鼓膜较大，与眼径大小相近（雄蛙略大而雌蛙小）。无声囊。上唇缘黄色。皮肤较光滑，背侧褶较窄。体背鲜绿色、棕黑色或深棕色，具不规则黑色斑点。体背及体侧具 5 条浅黄色纵条纹（含脊纹）。四肢背面棕色或红棕色，具点斑或横纹。四肢纤细。指、趾端吸盘较小。趾间蹼不发达。

栖息于海拔 250 m 左右的水洼、田地等潮湿环境中。分布：广东、香港、澳门、海南、广西；越南、缅甸、泰国、柬埔寨、马来西亚。

琴蛙属 *Nidirana*

弹琴蛙 *Nidirana adenopleura*

体型较为肥硕，雄性体长约 5.5 cm，雌性略大于雄性。头宽略小于头长。吻棱明显，上唇缘多为白色。鼓膜明显，与眼径大小相近。具 1 对咽侧下外声囊。皮肤较为光滑，背部后端具少量扁平疣，背侧褶显著。体背多为灰棕色或灰绿色，一些个体具黑色点状斑。体侧及后端多具黑点。腹面灰白色，雄性咽喉部具深色或棕色细斑。四肢背面具宽横纹。指端膨大，多具横沟。趾端吸盘较大，具腹侧沟。

栖息于海拔 30~1 800 m 山区的田地、水塘等环境中。分布：福建、江西、广东、湖南、广西。

仙琴蛙 *Nidirana daunchina*

雄性体长 4~5 cm，雌性略大于雄性。头长近似等于头宽。吻棱明显，上唇缘具 1 条黄白色细横条纹。鼓膜明显，与眼近似等大。雄性具 1 对单侧下外声囊。皮肤光滑，仅背后端具几颗大而扁平的疣粒，体侧及四肢具分散的细小疣粒。体背多为灰棕色，背侧褶色浅，背侧褶下缘黑色。背中央具 1 条浅蓝色脊线自枕部延伸至背后端。腹面浅肉黄色，咽喉部两侧灰褐色。四肢具明显的深棕色横纹，四肢腹面肉红色。趾间蹼约为趾长的 1/2。

栖息于海拔 1 000~1 800 m 的山区沼泽环境中，鸣声为连续的“登—登”声，重复 4 次左右。分布：贵州、云南、四川。

海南琴蛙 *Nidirana hainanensis*

雄性体长 3~4 cm。头宽略小于头长。吻端钝圆，吻棱明显。具 1 对咽侧下内声囊。皮肤光滑。背侧褶红褐色。体背后部具红棕色扁平疣。头侧和背侧褶下方黑褐色。体侧灰绿色，散有小黑点。体背侧后部具 2 枚黑色圆斑。体腹面黄白色。四肢具细小黑色横纹，镶以浅色边。指、趾具吸盘和腹侧沟。股腹面肉红色。

栖息于海拔 340 m 左右的热带雨林内。分布：海南。

南昆山琴蛙 *Nidirana nankunensis*

雄性体长约 4 cm，雌性略小于雄性。鼓膜明显。体背皮肤光滑，后肢腹面有较多细小疣粒，排列成斜线。体背淡棕色，脊线细长，为淡棕色，脊线两侧具灰棕色宽条纹。背侧褶细而明显，背侧褶下方为棕灰色，夹杂黑色斑点。四肢颜色略深于背部颜色。后肢背面有清晰的深棕色横纹，前肢无横纹。趾间蹼不甚发达（不及趾长的 1/2）。

栖息于海拔 500 m 左右的植被茂盛的林区，多见于淤泥较多的水塘附近，雄性于 4—6 月鸣叫。分布：广东。

滇蛙 *Nidirana pleuraden*

雄性体长 5~6 cm，雌性略大于雄性。头长近似等于头宽。吻端钝圆，吻棱不明显。鼓膜明显。具双咽侧下外声囊。背部皮肤光滑。背部及体侧有明显的疣粒。背侧褶窄。背面为橄榄绿色或略呈黄色，背面的斑纹变异较大，具分散的小黑斑点，一般都分布在疣粒上，背正中常具或宽或窄的浅色脊纹，在脊线纹两侧的斑点相连成明显的黑纹。指端钝圆，趾端钝尖。趾间蹼明显但不达趾端。

栖息于海拔 1 150~2 300 m 山区低洼地的水塘、水沟、水稻田中。分布：四川、云南、贵州。

臭蛙属 *Odorrana*

云南臭蛙 *Odorrana andersonii*

雄性体长 7~7.5 cm，雌性大于雄性。头宽小于或近似等于头长。吻端钝圆略尖，吻棱较明显。鼓膜略大于眼径的 1/2。具 1 对咽侧内声囊。背部皮肤较粗糙，布满分散的大、小疣粒。体背绿色，一些个体背正中分散有聚焦大圆形棕色斑。体后 1/3 部分多为灰黄色与黑褐色相间。体侧具不规则黑褐色与灰黄色斑点，连成大、小云斑。唇缘及四肢具黑褐色与灰黄色相间的横纹。后肢背面具深棕色横斑。趾端全蹼。指、趾端略膨大。

栖息于海拔 1 600~2 000 m 的林木较为茂密阴郁的中、大型溪流处。分布：云南；缅甸。

安龙臭蛙 *Odorrana anlungensis*

雄性体长 3.5~4 cm，雌性大于雄性。头宽小于头长。吻端尖，吻棱明显。鼓膜明显，雄性约为眼径的 3/5，雌性约为眼径的 1/2。两眼前角之间具 1 个小白点。具 1 对咽侧外声囊。皮肤粗糙，雄性体背及体侧具纵长疣粒，雌性疣粒较少。无背侧褶。体背绿色，具棕褐色斑点，种间斑点大小数量略有变异。体侧绿色浅于体背。四肢具深色横纹。指、趾端具吸盘。趾间蹼不甚发达。

栖息于海拔约 1 500 m 的山顶植被茂盛地带多见于清澈溪流内。分布：贵州。

北圻臭蛙 *Odorrana bacboensis*

雌性体长约为 10 cm，雄性小于雌性。头扁平，头宽小于头长。吻端钝圆，吻棱明显。上唇具明显黑色竖条纹。背部表皮略粗糙，无背侧褶。体侧具大小不一的疣粒。体背以褐色为主，布有黑色斑点，两侧斑点较大而背部斑点较小。趾吸盘小于指吸盘。趾间蹼发达。

栖息于海拔 330 m 左右植被茂密的雨林环境中。分布：广西、云南；越南。

封开臭蛙 *Odorrana fengkaiensis*

雄性体长 3.7~5.2 cm，雌性体长约为雄性的 2 倍。头长大于头宽。吻长而钝圆，吻棱圆形。鼓膜大而明显。具双侧咽下声囊。无背侧褶。皮肤粗糙，布满痣粒。体背及体侧具较大痣粒。8 枚大疣粒在背侧排列成纵行。体背及四肢背面多为棕色，具大黑色斑点。年轻的成年雌性背部带有网状绿色和亮绿色的斑纹，老年的雌性个体背部多为棕色。腹面白色或微黄，咽胸部具浅棕色斑。

多栖息于海拔约 500 m 以下的山间水流缓慢的溪流处。分布：广东、广西。

无指盘臭蛙 *Odorrana grahami*

雄性体长约 7.5 cm，雌性体长约 9 cm。头长、头宽几乎相等。吻端钝圆，吻棱明显。鼓膜大而明显。具 1 对咽侧内声囊。体表具较多疣粒。体背绿色，体侧土黄色，体背及体侧具较为规则的黑色圆点，近背中线处较大，而两侧较小。四肢背面具较为密集的棕黑色横纹。四肢较粗壮。指、趾端无明显吸盘。趾间全蹼。

栖息于海拔 1 700~3 000 m 的山区溪流中，6 月繁殖。分布：云南、贵州、四川、山西、湖南。

大绿臭蛙 *Odorrana graminea*

雄性体长约 4.8 cm，雌性体长 9 cm 以上。头宽小于头长。吻棱明显。具 1 对咽侧外声囊。鼓膜圆形，中心色深，边缘色浅。体背几乎为纯绿色，体侧及四肢棕色，靠近吻棱和侧褶处色深，自上而下淡化。四肢淡棕色，具数条深棕色斜纹或横纹。上唇缘乳白色或浅黄色。四肢修长。指、趾端具吸盘，趾吸盘比指吸盘略小。

栖息于海拔 450~1 200 m 的林间溪流等潮湿环境中，多见于溪边石块上，性警觉，善跳跃，5—6 月繁殖。分布：陕西、四川、云南、贵州、安徽、浙江、江西、湖南、湖北、福建、广东、香港、海南、广西；越南。

海南臭蛙 *Odorrana hainanensis*

雄性体长 5~6 cm，雌性体长约为雄性的 2 倍。头部扁平，头长大于头宽。吻端钝圆略尖，吻棱略明显。鼓膜明显，约为眼径的 2/3。具 1 对咽侧下内声囊。无背侧褶。体背皮肤光滑，具小疣粒，体侧具扁平小疣粒和少数大疣粒。体背深橄榄绿色或橄榄棕色，背中部具绿色网状细纹，绿色纹以幼体为多，随年龄增长而逐渐变少、变细。体侧具较大不规则黑色斑，多位于疣粒处。四肢腹面具深色横条纹。后肢强壮，善跳跃。指、趾端具吸盘。趾间全蹼。

栖息于海拔 800 m 以下的林区山溪环境中，多见于瀑布旁的岩壁或草丛处。分布：海南。

合江臭蛙 *Odorrana hejiangensis*

雄性体长 5~6 cm，雌性体长约为雄性的 2 倍。头部扁平，头长大于头宽。吻端钝圆略尖，吻棱略明显。鼓膜明显，约为眼径的 2/3。有 1 对咽侧下内声囊。无背侧褶。体背皮肤光滑，具小疣粒，体侧具扁平小疣粒和少数大疣粒。体背为深橄榄绿色或橄榄棕色，背中部具绿色网状细纹，绿色纹以幼体为多，随年龄增长而逐渐变少、变细。体侧具较大不规则黑色斑，多位于疣粒处。四肢腹面具深色横条纹。后肢强壮，善跳跃。指、趾端具吸盘。趾间全蹼。

栖息于海拔 800 m 以下的林区山溪环境中，多见于瀑布旁的岩壁或草丛处。分布：四川、重庆、贵州。

黄岗臭蛙 *Odorrana huanggangensis*

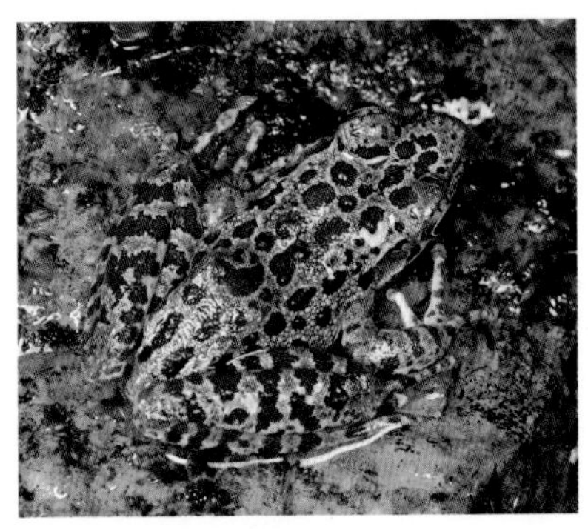

雄性体长 4~4.5 cm，雌性体长约 9 cm。头长、头宽几乎相等。吻棱、鼓膜明显。具 1 对咽侧下外声囊。体表密布小痣粒，体侧密布小而扁平的疣粒。体背绿色，具棕褐色圆点。与花臭蛙相似，但本种背部斑块面积更大而规则。四肢具褐色横纹。指、趾端具吸盘。趾间全蹼。

栖息于海拔 800 m 以下的丘陵山区溪流中，植被较为茂盛，7—8 月繁殖。分布：福建、湖南、贵州、江西、广东。

景东臭蛙 *Odorrana jingdongensis*

雄性体长约 7.5 cm，雌性体长约 9.5 cm。头宽略小于头长。吻棱明显，颊面略凹陷。体背皮肤表面具大而分散的疣粒，体背黄绿色，具棕黑色斑，体侧及四肢背面黄、灰相间，腹面土黄色。四肢细长，指、趾端具吸盘。

栖息于海拔 1 500 m 左右森林茂密、阴湿的山区溪流处。分布：云南、广西。

光雾臭蛙 *Odorrana kuangwuensis*

雄性体长 6~8 cm，雌性大于雄性。头长大于头宽。吻端钝圆，吻棱圆而明显。鼓膜明显。具 1 对咽下内声囊。体背皮肤粗糙，自吻端至肛部均具痣粒和分散的大疣粒。体侧自肩上至胯部具分散的较大浅黄色疣粒或白疣粒。体背多为绿色散有棕黑色斑，少数个体为橄榄褐色散有绿色斑纹。有些连成不规则的网状斑纹。随着年龄增长斑纹逐渐变得不清晰。四肢背面灰绿色或浅黄褐色，具深色横纹。指、趾端具吸盘。趾间全蹼。与云南臭蛙相近，但本种指吸盘较大而明显。

栖息于海拔 1 500~1 600 m 植被茂密的森林环境中，多见于荫蔽潮湿的山溪附近。分布：四川、重庆、湖北。

荔浦臭蛙 *Odorrana lipuensis*

雄性体长 4~4.8 cm，雌性略大于雄性。头长略大于头宽。吻棱明显。鼓膜明显，直径略小于眼径。皮肤光滑，体侧和颊部以及鼓膜的前后缘有小刺疣。无背侧褶。背部草绿色，夹杂有不规则褐色大斑块，彼此连缀成片。体侧色斑与体背相似。腹面灰白色。喉部至腹部上端为灰色斑纹。四肢腹面浅粉色并伴有斑纹，四肢有棕色条纹。指、趾端具吸盘。

终年栖息于深约 80 m 的黑暗洞穴内。分布：广西。

龙胜臭蛙 *Odorrana lungshengensis*

雄性体长约 6 cm，雌性体长约 8 cm。头宽略小于头长。吻棱明显。鼓膜清晰，约为眼径的 1/2。具 1 对咽侧下外声囊。体背皮肤光滑。上眼睑后半部、鼓膜周边、后肢背面具白色小刺粒。体侧具疣粒。体背面绿色，通体遍布不规则排列的棕色大圆斑。四肢背面具深褐色横纹。腹面灰白色，咽喉及胸部具棕色云斑。

栖息于海拔 1 000~1 500 m 的山区溪流处，周边植被较为茂密，多见于崖壁以及水边苔藓较多的石块上，6—7 月繁殖。分布：贵州、广西。

绿臭蛙 *Odorrana margaretae*

雄性体长约 8 cm，雌性体长约 10 cm。头宽略小于头长。雄性吻尖，雌性吻钝圆，吻棱明显。鼓膜明显，约为眼径的 1/2。无声囊。前臂发达，四肢较为强壮，善跳跃。体背皮肤光滑，体侧多有大小不一的圆疣粒。无背侧褶。体背为暗绿色，近臀部、体侧及四肢外侧为淡棕色，并间以不规则黑色斑。四肢浅棕色，间以暗绿色，后肢具黑色横纹。指、趾端具吸盘。

栖息于海拔 400~2 500 m 的山区溪流中，12 月至次年 2 月可见其繁殖，将卵成堆产于石缝中或石下。分布：四川、重庆、贵州、湖北、湖南、广东、广西、甘肃（文县）、山西（垣曲）；越南。

鸭嘴竹叶蛙 *Odorrana nasuta*

雄性体长 5.7~6 cm，雌性略大于雄性。头部窄长而扁平，头长大于头宽。吻尖长，远突出于下唇，形似鸭嘴，吻棱明显。鼓膜明显。有 1 对咽侧下外声囊。皮肤光滑。上唇缘有 1 排锯齿状乳突。背侧褶细而平直。体背多为黄褐色或黄灰色，间有少量绿色细纹。背部散有大块黑色斑。四肢背面与体背颜色相同，具明显横纹。指、趾吸盘显著。趾间全蹼。

栖息于海拔 350~850 m 植被茂密的山区，多见于溪流瀑布处。分布：海南。

圆斑臭蛙 *Odorrana rotodora*

雄性体长 4.5~5.5 cm，雌性远大于雄性。头长大于头宽。吻端尖，明显超出下颌。鼓膜明显，雄性鼓膜所占比例大于雌性。眼较大。体背及四肢皮肤光滑，无背侧褶。体背纯绿色、黄绿色或灰棕色，一些个体后部为棕色，背中部通常具多至 8 枚黑色圆斑或椭圆形斑。腹面乳白色或乳黄色。四肢背面多为棕褐色，具深色横条纹。指、趾端具吸盘。趾间全蹼。

栖息于海拔 400~800 m 山间水流湍急的溪水附近，多见于瀑布附近。分布：云南。

花臭蛙 *Odorrana schmackeri*

雄性体长 4.5 cm，雌性体长 8 cm。头长、头宽几乎相等。吻端钝圆、略尖，吻棱明显。鼓膜较大。具 1 对咽侧下外声囊。皮肤光滑，体侧具 3~4 列大小不一的疣粒。无背侧褶。体背绿色，具大小不一的黑褐色斑点。四肢背面具深色横条纹。指、趾端具吸盘。趾间全蹼。

栖息于海拔 200~1 400 的山区，多见于植被茂密、多石的溪流间，7—8 月繁殖。分布：河南、重庆、湖北；越南。

天目臭蛙 *Odorrana tianmuii*

雄性体长 4~4.5 cm，雌性体长约为雄性的 1.75 倍。头长大于头宽。吻端钝尖，吻棱明显。鼓膜大。具 1 对咽侧下外声囊。无背侧褶。皮肤光滑或具小疣。体背多为鲜绿色、棕色、深灰色，具赤褐色斑纹。体侧绿色或灰褐色，散有较大黑色斑。四肢具不清晰的深褐色斑纹。指、趾端具宽吸盘。趾间全蹼。

栖息于海拔 200~800 m 丘陵山区的溪流中，多见于溪边石块或石壁上。分布：安徽、江苏、浙江。

滇南臭蛙 *Odorrana tiannanensis*

雄性体长约 5.5 cm，雌性体长约为雄性的 2 倍。头长大于头宽。吻端钝尖，吻棱明显。鼓膜明显，雄性鼓膜大于雌性。具 1 对颈侧外声囊。背部皮肤粗糙。体背棕黄色或浅棕黄色，具不清晰的黑色斑点。体侧多为淡黄褐色，具较多黑点。腹面乳黄色，无斑纹。指、趾端均具吸盘。趾间全蹼。

栖息于海拔 120~1 200 m 林木繁茂的山区，成蛙常栖于环境阴湿、水流湍急的山涧中。分布：云南、广西；越南。

凹耳臭蛙 *Odorrana tormota*

雄性体长约 3 cm，雌性体长 5~6 cm。头宽、头长几乎相等。吻棱明显。鼓膜凹陷，以雄性更为明显。具 1 对咽侧下外声囊。体表密布细小疣粒。体背淡棕褐色，具不规则黑色斑，背侧褶明显，吻棱及背侧褶下方均具深棕黑色。腹面淡黄色，咽喉部至胸部具棕色斑。四肢背面具深棕色条纹。指、趾端具吸盘。

栖息于海拔 700 m 以下的山区，4—5 月繁殖。分布：安徽、浙江。

竹叶蛙 *Odorrana versabilis*

雄性体长 7~8 cm，雌性略大于雄性。头扁平，头长大于头宽。吻呈盾状，吻棱明显，具黑条纹。鼓膜明显，约为眼径的 1/2。具 1 对咽侧下内声囊。咽喉部具细云斑。背部皮肤光滑，背侧褶明显。背部背侧褶以上多具绿色，仅有数个深棕色斑点（部分个体为棕色，散有绿色斑点）。体侧深棕色，靠近腹部逐渐变浅。四肢背面棕色，具深色横纹。腹面浅黄褐色。趾间蹼发达。指、趾端具吸盘，趾吸盘小于指吸盘。

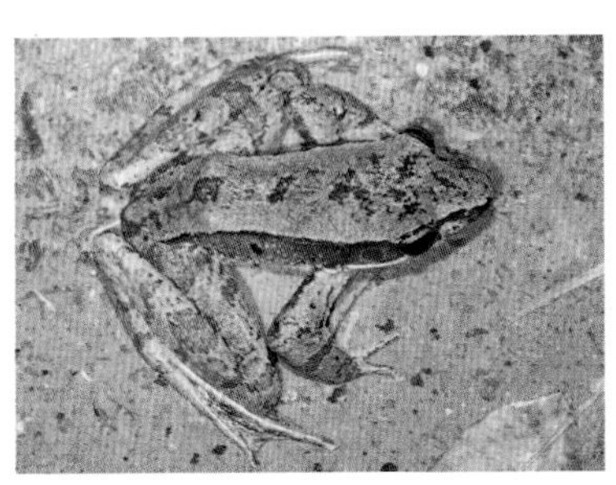

栖息于海拔 800~1 350 m 林木繁茂、环境潮湿的山区溪流处。分布：广东、广西、江西、贵州、湖南。

小竹叶蛙 *Odorrana exiliversabilis*

雄性体长 4~5 cm，雌性略大于雄性。头扁平，头长略大于头宽。吻端钝圆，吻棱明显。上唇缘浅黄色。鼓膜明显。具 1 对咽侧下内声囊。皮肤光滑，背侧褶细而平直。体背多为橄榄色、浅棕色或绿色，个别个体体背具几个深色斑。四肢背部与体背色相同，具深色横纹。腹面棕黄色。咽胸部具深灰色细小斑点。指、趾末端具吸盘。趾间全蹼。本种与竹叶蛙相似，但本种体型略小，吻三角形，而不呈盾形。

栖息于海拔 600~1 525 m 森林茂密的山区，多见于溪流瀑布下石块处或缓流处岸边。分布：福建、浙江、安徽、江西。

务川臭蛙 *Odorrana wuchuanensis*

雄性体长 7~7.5 cm，雌性体长 7.5~8 cm。雌雄体型差异不明显。头扁平，宽略小于头长。吻棱明显。鼓膜大，约为眼径的 4/5。无声囊。体表皮肤光滑，无背侧褶，但背侧褶处皮肤增厚。体背深绿色或墨绿色，具稀疏的不规则黑色斑，体侧黑色斑多于体背，且体侧面的黑色斑之间具黄色细纹。腹面为黄、灰相间的大斑块。四肢粗壮，四肢背面色斑与体背相同，具棕黑色横条纹。趾间有蹼，蹼边缘凹陷。

栖息于海拔 700 m 左右的山区溶洞环境中，繁殖期为 5—8 月。分布：贵州（务川）、湖北、广西。

安子山臭蛙 *Odorrana yentuensis*

雄性体长 4~4.5 cm，雌性略大于雄性。头长大于头宽。吻棱较显著。鼓膜清晰，略下陷。有 1 对咽下外声囊。背部皮肤稍粗糙，具背侧褶。体背面浅棕色，具少量暗斑点或不规则杂斑。有些雌性个体棕红色，具少量深色斑。腹面黄白色，个别个体喉胸部有暗斑。雄性趾间蹼具深缺刻，雌性趾蹼更为发达。

栖息于海拔 1 000 m 左右的山区、河流等环境中。分布：广西；越南。

宜章臭蛙 *Odorrana yizhangensis*

雄性体长 4.5~5.5 cm，雌性略大于雄性。头长略大于头宽。吻部扁平，吻端钝圆，吻棱明显。鼓膜明显。具1对咽侧下外声囊。皮肤光滑，头部和体前背部具少量痣粒。体侧具大小不一的小扁平疣。体背绿色，体背及体侧有形状不规则的棕色大斑块。四肢背面颜色与体背相同，具棕褐色横条纹。腹面珍珠白色，咽喉色略深。指、趾具吸盘，趾吸盘窄长，且小于指吸盘。

栖息于海拔 1 100~1 200 m 的常绿阔叶林区，多发现于山间溪流处长满苔藓的石块或崖壁上。分布：湖南、湖北、贵州。

沙巴臭蛙 *Odorrana chapaensis*

雄性体长约 8 cm，雌性略大于雄性。体扁平，头顶扁平，头长大于头宽。吻长而扁，略似鸭嘴，吻棱不明显。鼓膜小而圆，有双侧外声囊。背部、咽部及胸部皮肤光滑。体背黄绿色或暗绿色，具成片的黑褐色斑，部分个体黑色斑呈空心。腹面黄白色。指端吸盘发达，除拇指吸盘较小外，其余均大于鼓膜直径。趾吸盘小于指吸盘。指间无蹼，趾间蹼发达。

栖息于海拔 800~1 700 m 植被茂盛的山间湍急河流环境中，多见于长满苔藓的岩壁，善攀爬。分布：云南；越南。

大吉岭臭蛙 *Odorrana chloronota*

雄性体长约 5.2 cm，雌性大于雄性。头长大于头宽。吻钝尖，吻棱略显。鼓膜明显，略大于眼径的 1/2。具 1 对咽侧下外声囊。皮肤光滑，背侧褶弱。头背及体背鲜绿色，上唇缘具金黄色条纹。体背无斑或沿背中线具数个黑色小圆点。体侧背侧褶以下均为黑褐色，自前至后逐渐变浅。四肢背面浅褐色，具深褐色横纹。体腹面及四肢腹面象牙色。指、趾端均具吸盘。趾间全蹼。

栖息于海拔约 800 m 的热带雨林小型山间溪流处，多见于瀑布下石块附近。分布：西藏（墨脱）。

腺蛙属 *Glandirana*

东北粗皮蛙 *Glandirana emeljanovi*

雄性体长 4~4.5 cm，雌性明显大于雄性。头扁平，头宽近似等于头长。吻长而尖，吻棱明显。鼓膜大而明显。具 1 对咽侧内声囊。皮肤甚为粗糙，布满大小不等、长短不一的疣粒，无背侧褶。体背多具浅黄褐色，种内变异较少，具不规则黑色斑点。腹部灰白色，具灰色云斑。四肢腹面浅黄色，具黑色圆斑。趾末端宽圆，趾略扁平，末端钝圆。趾间全蹼。

栖息于海拔 600 m 以下的山区或丘陵地带，多见于开阔的河边或静水塘处。分布：辽宁、吉林、黑龙江；俄罗斯、朝鲜。

天台粗皮蛙 *Glandirana tientaiensis*

雄性体长 4~5 cm，雌性略大于雄性。头大而扁平，头宽略大于或近似等于头长。吻较短而钝圆，吻棱明显。具 1 对咽侧下内声囊。皮肤甚为粗糙，体背、体侧遍布大小不一的圆疣。体侧及体腹面疣粒扁平，大小较为均匀。下颌布满较大白色圆疣。体背面浅黄褐色，具黑色斑点。腹面灰白色，无明显斑纹。四肢具深色宽条纹。指、趾末端钝圆，腹面有小肉垫。趾间全蹼，趾蹼上有黑色斑。

栖息于海拔 100~600 m 的丘陵或山区，多见于较为开阔的溪流岸边。分布：安徽、浙江。

侧褶蛙属 *Pelophylax*

黑斑侧褶蛙 *Pelophylax nigromaculatus*

雄性体长 5~7 cm。雌性明显大于雄性。头长大于头宽。吻端钝圆，吻棱不明显。鼓膜大而明显。具双侧外声囊。背面皮肤较粗糙，体背颜色变异较丰富，多为淡绿色、黄绿色、深绿色、灰褐色等，杂有许多大小不一的黑色斑纹。多数个体具淡黄色或淡绿色的脊线纹。背侧褶金黄色、浅棕色或黄绿色，有些个体沿背侧褶下方有黑纹。四肢背面浅棕色，常具棕黑横纹。指、趾末端，无吸盘。趾间蹼发达。

栖息于平原或丘陵的水田、池塘、湖沼区及海拔 2 200 m 以下的多种环境中。分布：除台湾、海南外的各省；俄罗斯、日本、朝鲜。

中亚侧褶蛙 *Pelophylax terentievi*（曾用名：湖蛙）

雄性体长 5.3~6.7 cm，雌性明显大于雄性。头宽近似等于头长。吻尖，吻棱不明显。鼓膜明显，约为眼径的 2/3。具 1 对咽侧外声囊。背部皮肤略粗糙，布满小圆疣，但无常肤棱。背侧褶明显。背部橄榄绿色，沿脊线两侧多具较大深褐色圆斑。体侧黑色斑小而密集。唇缘绿色较浅。腹面灰白色，咽部具细云斑。四肢背面具较宽深色横斑。除第四趾外，其余趾蹼均达趾端。指、趾末端略尖。本种与黑斑侧褶蛙相似，但本种背侧褶间具圆疣，且体背不具长形肤棱。

栖息于海拔 500~700 m 的沼泽、河滩以及农田等湿地环境中，多见于水边芦苇塘等。分布：新疆；塔吉克斯坦。

金线侧褶蛙 *Pelophylax plancyi*

雄性体长 5~6 cm，雌性略大于雄性。头长略大于头宽。吻尖长，吻棱略明显。鼓膜明显，略小于眼径。具1对咽侧内声囊。体背皮肤光滑。背侧褶明显且宽厚，呈黄褐色。体背绿色或橄榄绿色。四肢背面绿色或具棕色横纹。腹面鲜黄色或略带棕色斑。指、趾端钝尖。趾间近全蹼。

多栖息于海拔 200 m 以下的池塘或稻田中。分布：河北、北京、天津、山东、山西、安徽、江苏、浙江、上海、台湾。

湖北侧褶蛙 *Pelophylax hubeiensis*

雄性体长 4~4.7 cm，雌性略大于雄性。头宽大于头长。吻端钝尖，吻棱不明显。鼓膜大而明显。无声囊。体背、体侧皮肤略粗糙，具小疣粒。体背颜色多为浅棕色，具绿色碎斑纹。背侧褶明显，浅棕黄色。腹面鲜黄色，股腹面具棕色版。指、趾端钝尖。趾间几乎全蹼。本种与金线侧褶蛙相近，但雄性无声囊，而金线侧褶蛙具 1 对咽侧内声囊。

栖息于海拔 60~1 000 m 的农田环境或池塘中。分布：河南、湖南、湖北、安徽、重庆、江西。

树蛙科 Rhacophoridaae 张氏树蛙属 *Zhangixalus*

缅甸树蛙 *Zhangixalus burmanus*

雄性体长 5.5~7 cm，雌性大于雄性。雄性头长略大于头宽，雌性头长近似等于头宽。吻部极度向前倾斜，吻棱明显。鼓膜椭圆形斜置。具 1 对咽侧下内声囊。背面草绿色，具稀疏的棕色小斑。体侧至胯部、股内外侧深灰色，具许多乳黄色斑点，镶有酱紫色边。腹面浅紫棕色，具深色斑点。指间蹼不发达，趾间全蹼。

栖息于海拔 1 400~2 000 m 的山区阔叶林、竹丛等环境中。分布：云南、西藏；缅甸、印度。

经甫树蛙 *Zhangixalus chenfui*

雄性体长 3.3~4 cm，雌性大于雄性。头扁平，头长近似等于头宽。吻端钝尖，吻棱略显。鼓膜明显。有单咽下外声囊。皮肤较光滑，背面满布均匀的细痣粒。整个背面纯绿色，上下唇缘、体侧、四肢外侧及肛部上方具 1 条乳黄色或乳白色细线纹。腹面肉紫色或金黄色，咽喉部有褐色斑。指、趾端及蹼浅棕黄色。外侧 2 指蹼发达，内侧 2 指间仅有蹼迹，趾间 1/2 蹼。

栖息于海拔 900~3 000 m 山区的水沟、水塘或农田边，繁殖季节雄性发出“嘚、嘚”的鸣叫声，清脆且具弹音。分布：四川、贵州、重庆、湖南、湖北、江西、福建。

大树蛙 *Zhangixalus dennysi*（曾用名：大泛树蛙）

体型肥硕，雄性体长约 8 cm，雌性体长约 10 cm。雄性头宽近似等于头长，雌性头宽大于头长。鼓膜大而明显。具单咽下声囊。皮肤光滑。背面绿色，其上一般散有不规则的少数棕黄色斑点。体侧多具成行的乳白色斑点或缀连成乳白色纵纹。幼体背部纯绿色。指、趾间蹼发达。

栖息于 80~800 m 山区的树林里或附近的田边、灌木及草丛中，雄性发出“咕噜”或“咕嘟咕”的连续清脆而洪亮的鸣叫声。分布：广东、广西、海南、福建、湖南、江西、浙江、湖北、上海、安徽、河南、贵州、重庆；缅甸、越南。

白领大树蛙 *Zhangixalus smaragdinus*

雄性体长6.7~8.4 cm，雌性体长约7 cm。头宽略大于头。吻棱明显。鼓膜明显，约为眼径的1/2。具单咽下内声囊。体背皮肤光滑，纯绿色。腹面黄绿色或灰白色，均散有褐色云状斑。第三、第四指间全蹼，趾间全蹼，蹼为浅蓝黑色。与大树蛙相近，但本种下唇缘有1条白色浅纹，体背纯绿色，无斑点。

栖息于海拔700~1 000 m的热带雨林中，雄性发出“咯啰，咯啰”的鸣叫声。分布：云南、西藏；尼泊尔、印度、缅甸、泰国、越南、老挝。

绿背树蛙 *Zhangixalus dorsoviridis*

雄性体长 3.5~4.2 cm。头宽大于头长。吻端钝圆，吻棱明显。鼓膜明显。具单咽下内声囊。皮肤平滑。体背翠绿、灰绿或棕绿色，散有不规则黄绿色、亮绿色及黑色小点。体侧灰白色，近胯部和股外侧具 2~5 个椭圆形黑色斑，股内侧和胫内侧具小黑斑。指、趾间近 1/2 蹼。

栖息于海拔 2 000 m 左右的山地，多在腐殖土等环境挖洞筑巢，鸣声为带有颤音的“咯……儿，咯……儿”。分布：云南。

蓝面树蛙 *Zhangixalus duboisi*

雄性体长约 6.3 cm，雌性大于雄性。头扁平，头长大于头宽。吻棱明显。鼓膜明显，约为眼径的 2/3。头体背部、四肢背面满布颗粒状斑点和角质刺。颊面凹陷，一些个体面颊呈蓝色。头、体背面为橄榄绿，其上具棕色斑点。腹部灰白色，密布小而灰色斑点。四肢色斑与体背相同。指、趾具吸盘，第四指吸盘最大，趾吸盘大于指吸盘。指间约半蹼，趾间蹼发达。

栖息于海拔 2 000 m 左右的热带雨林中。分布：云南；越南。

宝兴树蛙 *Zhangixalus dugritei*（曾用名：杜氏树蛙）

雄性体长约 4.5 cm，雌性大于雄性。头宽大于头长。雄性吻端较尖，雌性吻端较圆。鼓膜小。雄性具单咽下外声囊。皮肤较光滑，背面皮肤具小疣。体色变异颇大，背面多具绿色或深棕色，散有不规则的大小棕色斑点，斑点边缘色较深。部分个体背面棕绿色或纯绿色。四肢背面色斑与体背相近，一般无横纹。外侧 2 指间 1/2 蹼，趾间蹼较发达。

栖息于海拔 1 400~3 200 m 的山区林间静水池或水坑附近草丛中，喜阴暗潮湿环境。分布：四川。

棕褶树蛙 *Zhangixalus feae*

体型较大，雄性体长 8.5~11 cm，雌雄相近。头长近似等于头宽。吻端略钝尖，吻棱明显。鼓膜大。具 1 对咽下内声囊。体背皮肤略粗糙，多具暗绿色或蓝绿色。头部两侧各具 1 条棕红色或浅棕色条纹，从吻端经过吻棱、上眼睑一直延伸到颞褶处。四肢无纹。指、趾间蹼发达。

栖息于海拔 1 000~1 400 m 的热带雨林中，在农田或山溪中繁殖。分布：云南；越南、泰国、老挝、缅甸。

白线树蛙 *Zhangixalus leucofasciatus*

雄性体长约4.8 cm。头长略大于头宽。吻棱明显。鼓膜明显。体背绿色无斑。本种与大树蛙相似，但体型较小，从吻端和上颌缘至体侧具1条宽而明显的乳白色纵带纹。上臂白色。前臂、手、足外侧缘均具白色。指、趾间蹼较发达。

栖息于海拔800 m左右的山区竹林里以及水沟边的竹林等环境。分布：广西、贵州、重庆。

丽水树蛙 *Zhangixalus lishuiensis*

雄性体长3.4~3.6 cm，雌性体长4.6 cm。头长略大于头宽。吻端较钝，吻棱明显。鼓膜圆形。下唇白色。背部皮肤光滑，布满均匀而细密的小痣粒。背面纯绿色，无斑或散具稀疏的浅蓝绿色细点。腹部、四肢及指、趾蹼腹面为金黄色。胯部及股后方金黄色，有连续浅黑色斑。

栖息于海拔700~1 100 m植被茂密的山区，繁殖季有挖洞习性，洞口有时位于水面下或与水面平齐，鸣叫声为7~8 s连续的单音节"咕—咕"声。分布：浙江。

台湾树蛙 *Zhangixalus moltrechti*

雄性体长 3.3~4.6 cm，雌性大于雄性。头长大于或等于头宽。吻端钝圆，吻棱不明显。颞褶明显。鼓膜约为眼径的 1/2。具单咽下外声囊。背面皮肤光滑，无疣粒。整个背面为绿色、浅绿色或蓝绿色，有的个体具细小白斑。体侧近腹面白色或乳黄色，具黑色圆斑点。指间蹼不发达。趾间近全蹼。

栖息于海拔 2 500 m 以下的山区或丘陵地带树林中。分布：中国台湾。

台北树蛙 *Zhangixalus taipeianus*

雄性体长 3~3.7 cm，雌性略大于雄性。吻棱明显，在鼻孔处隆起。一些个体上唇缘浅黄色。鼓膜不明显。具单侧下内声囊。体背面多具鲜绿色或黄绿色，偶为蓝绿色或暗黄褐色。腹面、指、趾及蹼具黄色。

栖息于海拔 2 000 m 以下的山区、丘陵和平地的阔叶林缘，多见于河流、山溪两岸杂草和灌丛繁茂的地带。分布：中国台湾。

峨眉树蛙 *Zhangixalus omeimontis*

雄性体长 5.2~6.6 cm，雌性大于雄性。雄性吻端斜尖，雌性较圆而高。吻棱明显。吻棱、上眼睑具铁锈色或褐色。鼓膜明显，较大。具咽下内声囊。皮肤粗糙，遍布小刺疣。体色变异较大，体背面及四肢背面多具草绿色与铁锈色斑纹交织成的网状或迷彩状纹。腹面具大小黑色斑。指、趾端均具吸盘。指、趾间均具蹼。

栖息于海拔 700~2 000 m 的山区林木繁茂而潮湿处，多见于竹林、灌木和杂草丛中。分布：四川、重庆、云南、贵州、广西、湖南、湖北。

翡翠树蛙 *Zhangixalus prasinatus*

雄性体长 5~5.6 cm，雌性略大于雄性。头宽略大于头长。雄性吻较尖，突出于下唇，自鼻孔以前变扁，略似鸭嘴；雌性吻较钝。吻棱明显，为黄褐色。鼓膜约为眼径的 2/3。具单咽下外声囊。背面具皮肤较粗糙，布满小疣粒。背面具纯绿色或黄绿色等，有的个体具少许鲜棕色或带蓝色的小斑。腹面白色，有的个体具黑斑点。四肢背面无斑纹。趾内侧 2 指仅基部具蹼，外侧 2 指间 1/2 蹼。趾间全蹼。

栖息于海拔 370~600 m 的山区阔叶林、灌丛、草地或果园中，雄性发出短促的“咯—咯”求偶叫声。分布：中国台湾。

普洱树蛙 *Zhangixalus puerensis*

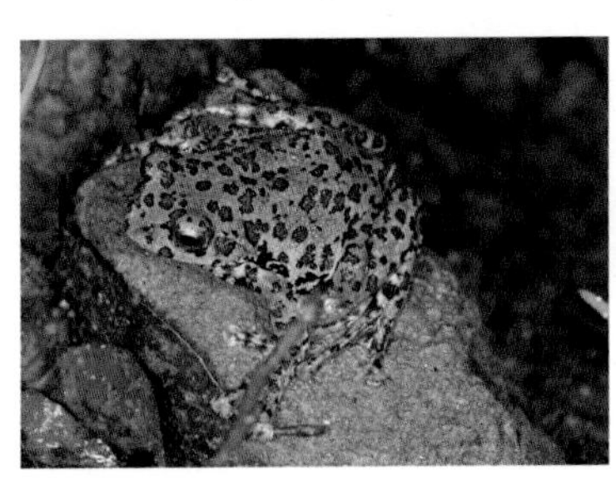

雄性体长约 4.1 cm，雌性体长 5.2~5.5 cm。头宽大于头长。雄性较雌性吻尖，吻棱明显。鼓膜略小于眼径。具单咽下外声囊。头顶、背面及体侧具很小而密的疣粒。后肢较短。体背绿色或深绿色，并具圆形或近于圆形赭红色斑点，斑点边缘为深褐色。雌性斑点多而明显。腹部灰白色，具不甚规则的灰褐色斑，喉部色较深。后肢较短。指间具蹼，雌性蹼较雄性发达。趾间约为 2/3 蹼。

栖息于海拔 2 000 m 左右的山区林间沼泽草甸中，在其低洼处产卵。分布：云南。

安徽树蛙 *Zhangixalus zhoukaiyae*

雄性体长 2.7~3.7 cm，雌性略大于雄性。头长小于头宽。吻端突出，吻棱不明显。鼻部隆起。鼓膜明显，约为眼径的1/2。雄性具单咽下外声囊。瞳孔横置，虹膜金黄色。背面皮肤光滑，没有疣粒。体背纯绿色，喉部、胸部以及腹部淡黄色。指、趾间微蹼。

栖息于海拔 800 m 左右的沼泽、农田等环境中。分布：安徽。

树蛙属 *Rhacophorus*

双斑树蛙 *Rhacophorus bipunctatus*

雄性体长 3~4 cm，雌性大于雄性。吻棱略显。头宽大于头长。吻端圆或具 1 个尖肤突，突出于下唇。颊部凹入。鼓膜明显，约为眼径的 1/2。雄性具咽下声囊。皮肤光滑，腹部具颗粒状扁平疣粒。背面颜色多具绿色、蓝色，幼体多为黄褐色，具深褐色纹。体侧腋下及股前方各有 1 个黑色斑，黑色斑边缘具鲜艳的蓝色斑点。指、趾橙黄色，具吸盘，指吸盘大于趾吸盘。指、趾间蹼发达。

栖息于海拔 400 m 左右的山区林缘或溪流附近。分布：西藏；印度、缅甸、泰国、柬埔寨、老挝、越南。

黑蹼树蛙 *Rhacophorus kio*

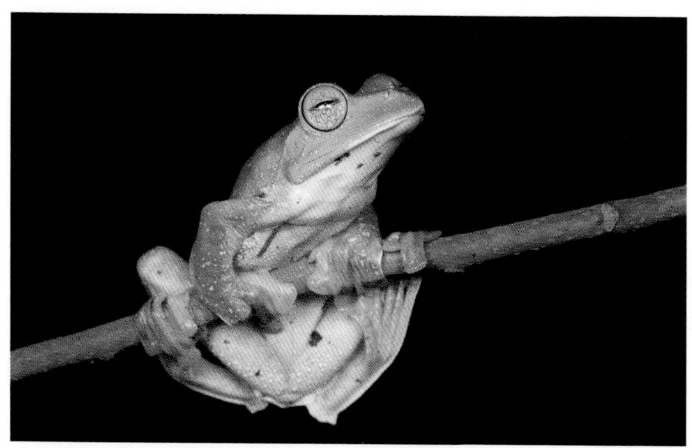

雄性体长约 6 cm，雌性略大于雄性。头长近似等于头宽。雄性吻斜而略尖，雌性吻端圆。吻棱明显。唇缘白色。鼓膜明显。具单咽下内声囊。体背皮肤平滑。体侧、胸、腹及股后满布小圆疣，股腹面具大小不一的圆疣。背面多具绿色，少数个体背上具若干乳白色斑点。腋部有 1 个大黑色斑。体侧灰黑色，密布成极细的灰黑色网状纹和乳黄色斑点。四肢背面具深色横纹。体腹面黄绿色。蹼以黑色为主。指、趾端均具吸盘，趾吸盘小于指吸盘。指、趾间满蹼，蹠间蹼达蹠基部。

栖息于海拔 600~1 000 m 的热带季雨林中，可利用手、足蹼短距离滑翔。分布：广西、云南；老挝、泰国、越南、柬埔寨、印度。

红蹼树蛙 *Rhacophorus rhodopus*

雄性体长 3~4 cm，雌性明显大于雄性。头长近似等于头宽。吻端斜尖，略突出于下唇。鼓膜约为眼径的1/2。雄性具单咽下内声囊。背面与咽喉部平滑。胸腹及股腹面布满小圆疣。体色变异较大。背面多具棕黄色、红棕色，具深色斑纹或“X”形斑。体侧亮黄色，腋下具黑圆斑或小斑点。体及四肢腹面浅黄色。腹后端及后肢腹面肉红色。四肢背面具深色横纹。指间蹼发达，第一指蹼达远端关节下瘤，第二指外侧与第四指内侧的蹼达到吸盘基部，掌间有蹼。趾间全蹼。内跖突扁平，无外跖突。指端均有吸盘，第一指吸盘小，第三指吸盘大于鼓膜。趾吸盘较指吸盘小。

栖息于海拔 80~2 100 m 的热带森林地区，可短距离滑翔。分布：云南、海南；印度、缅甸、泰国、老挝、越南。

横纹树蛙 *Rhacophorus translineatus*

雄性体长 5~6 cm，雌性略大于雄性。头扁平，头长大于头宽。吻端尖，向前下方形成锥状突起，远超过下唇，吻棱明显。鼓膜明显。有单咽下内声囊。背面光滑，多具棕褐色、红棕色或棕黄色，从头后至肛部共具 9~12 条深褐色细横纹。体侧黑色，具黄色圆斑。股后褐色与橘红色交织成网状斑。

栖息于海拔 1 200~1 500 m 森林茂密而潮湿的山区，多见于灌木丛。鸣声为单音节、尖锐的“吱—吱”声，可短距离滑翔。分布：西藏（墨脱）。

溪树蛙属 *Buergeria*

海南溪树蛙 *Buergeria oxycephala*

雄性体长约 3.7 cm，雌性体长约 6.5 cm。头长略大于头宽。吻端尖，吻棱明显。鼓膜显著。具单咽下内声囊。体背面呈灰色、黄褐色或深棕色，其上具黑色花斑。眼间具三角形或黑横纹。四肢具宽条纹，腹面黄白色。指、趾间具吸盘。指间具微蹼，趾间全蹼。

栖息于海拔 80~500 m 的大中型流溪石块上，繁殖期较长。分布：海南。

日本溪树蛙 *Buergeria japonica*

雄性体长约 3 cm，雌性略大于雄性。头长大于头宽。吻端钝圆或钝尖，吻棱不明显。鼓膜约为眼径的 1/2。具单咽下内声囊。体背面皮肤粗糙，满布颗粒状小疣粒，体侧疣粒较多。腹面除咽喉部和前胸部外，均具扁平疣粒。体色变异大，多为黄褐色、灰棕色或深褐色等，多数个体两眼间具深棕色三角斑，有的背部具深色“H”形斑。腹面浅黄色，咽喉部具黑褐色斑纹。后肢背面具深色横纹。指、趾端均具吸盘。指间无蹼，趾间全蹼。

栖息于海拔 170~1 500 m 以阔叶林为主的开阔溪谷中，在海拔 500 m 以下区域较多见，在海拔较高地区常聚集于温泉附近，可在 40 ℃温泉水中存活。分布：中国台湾；日本。

壮溪树蛙 *Buergeria robusta*

雄性体长 4.2~6.7 cm，雌性略大于雄性。头长大于头宽。吻端钝尖，吻棱显著。鼓膜圆。具内声囊。吻端至眼睑间形成 1 个褐色三角斑。皮肤粗糙，体背腹面均散布小颗粒状突起。体背多为黄褐色、灰褐色、红褐色或绿褐色，具深色条纹或网状斑。腹侧及股前后具深色云斑。腹面灰白色或浅黄色，咽喉部多具深色斑纹。四肢背面具深色横纹。指间具微蹼，趾间全蹼。

栖息于海拔 1 500 m 以下的山区或丘陵的阔叶林下溪流附近，雄性叫声绵细，雌性产卵于溪流缓流处石缝间或石块上。分布：中国台湾。

螳臂树蛙属 *Chiromantis*

背条螳臂树蛙 *Chiromantis doriae*（曾用名：背条跳树蛙）

小型树蛙，体型纤细，雄性体长约 2.5 cm，雌性略大于雄性 。头长略大于头宽。吻端钝尖，突出于下唇。鼓膜略大于第三指吸盘。雄性具单咽下外声囊。皮肤光滑。背部多为浅黄色或浅棕色。体侧及背部具 5 条深色纵纹。四肢上无明显横纹，仅具不规则深色纹或无纹。体腹面黄白色，四肢腹面肉红色。外侧 2 指间蹼较为明显；第一、二指间具微蹼，外侧 3 趾间蹼较发达。指、趾端具吸盘。趾端吸盘较小。

栖息于海拔 80~1 650 m 山区的稻田、水坑或水沟边灌木和杂草丛中。分布：云南、海南；印度、缅甸、泰国、老挝、柬埔寨、越南。

费树蛙属 *Feihyla*

侧条费树蛙 *Feihyla vittata*（曾用名：侧条小树蛙、侧条跳树蛙）

雄性体长 2.3~2.6 cm，雌雄体型相近。头长近似等于头宽。吻短，吻端略尖，吻棱明显。鼓膜近圆形，紧贴于眶后。雄蛙具 1 对咽侧内声囊。皮肤光滑，具小疣粒。背面多为灰黄色或浅黄色，布满灰棕色细碎的小圆点。体两侧从吻端或眼后至胯部各具 1 条浅黄色纵纹，该纵纹上、下方小棕点甚为密集。腹面乳黄色或白色。指间基部略有蹼迹。趾间蹼较发达，约为半蹼。

栖息于海拔 80~1 500 m 的水源附近灌木、芦苇、芭蕉等植物枝叶上。分布：西藏、云南、海南、广西；印度、泰国、老挝、柬埔寨、越南。

白颊费树蛙 *Feihyla palpebralis*（曾用名：白颊小树蛙 / 白颊跳树蛙）

体小而窄长，体长约 2.7 cm。头长大于头宽。吻尖长，吻棱明显。鼓膜紧贴于眼后。具 1 对咽侧内声囊。上眼睑上有少数较大疣粒。眼下方有 1 条明显的银白色宽横纹，延伸至肩部。两眼间具褐色横纹。背部皮肤光滑。背面棕黄色，具近似“X”形浅褐色斑纹。四肢背面具褐浅色横纹。指间无蹼，趾蹼不发达。

栖息于海拔约 1 040 m 的山坡地带，雄性发出有弹音的鸣声。分布：云南；越南。

抚华费树蛙 *Feihyla fuhua*

体型细长，雄性体长 2~2.5 cm，雌性体长 3 cm 左右。头长近似等于头宽。吻尖，吻棱明显。鼓膜较清晰。具 1 对咽侧下内声囊。背面皮肤光滑，一般为棕黄色。吻棱下方通过眼至颞部上方有褐色带纹，其下方具 1 条显著的银白色宽带纹。腹面白色。四肢背面多具褐色细横纹。指间无蹼，趾蹼不发达。指、趾端具吸盘。

栖息于 1 000~1 900 m 的山区潮湿灌丛地带。分布：云南、广西；越南。

纤树蛙属 *Gracixalus*

黑眼睑纤树蛙 *Gracixalus gracilipes*

雄性体长 2~2.4 cm，雌性略大于雄性。头长近似等于头宽。鼓膜较清晰。具单咽下内声囊。上眼睑上的疣刺大而密集。上眼睑黑棕色或红棕色，眼侧后下方及体侧有明显白色斑。体背面具小疣粒。体背及四肢暗绿色或灰绿色，两眼间及体背有明显的灰绿色“X”形纹。无背侧褶。腹面黄白色。指间无蹼，趾间蹼较发达。

栖息于海拔 500~530 m 林木繁茂的山区，成蛙栖息于环境阴湿的灌丛或杂草间，将卵产于树叶末端，不呈泡沫状。分布：广东、广西、云南；越南、泰国。

广东纤树蛙 *Gracixalus guangdongensis*

雄性体长 2.6~3.5 cm，雌性略大于雄性。头长大于头宽。鼓膜明显。具单咽下声囊。皮肤粗糙，布满小圆疣。体背红褐色或黄褐色，体背多具1条较宽的倒“Y”形纹，自咽喉延伸至胯部。胯部多为淡黄色。指、趾吸盘淡黄色。

栖息于海拔 1 000~1 600 m 的林区。分布：广东、湖南。

井冈纤树蛙 *Gracixalus jinggangensis*

体型小，雄性体长 2.8~3.4 cm，雌性体长约 3.2 cm。头宽略大于头长。吻棱明显。鼓膜明显。具单咽下声囊。皮肤粗糙，散布疣粒，腹部具颗粒疣。虹膜金色，其上密布黑色斑点，瞳孔黑色。体背棕色或浅棕色，两眼间至体背中部有 1 个醒目的倒“Y”形棕黑色大斑。体侧有排列成纵行的黑色大斑块。腹面前部白色带黑色大斑块，后部斑块变半透明、淡黄色。吸盘淡黄色。指间仅具蹼迹，趾蹼中度发达。

栖息于海拔 1 100~1 340 m 的竹林中，一般见于离地高 1~2 m 的竹子等植物上。分布：江西。

金秀纤树蛙 *Gracixalus jinxiuensis*（曾用名：金秀小树蛙）

体型较为短粗，雄性体长约 2.4 cm，雌性大于雄性。头宽近似等于头长。吻端钝圆，吻棱明显。鼓膜清晰。具单咽下内声囊。皮肤较粗糙，背面分散具大小疣粒。背面棕色或浅棕色，眼后有一大而明显的深棕色倒三角纹，后连接一醒目而宽阔的“∧”形大斑，在肩后斜向体侧，整体略呈“又”字形。腹面浅灰棕色，具不明显的深色云斑。指、趾端均具吸盘。指基部微具蹼迹，趾蹼不发达。

栖息于海拔约 1 350 m 森林茂密、阴湿的山区，多见于林缘灌木丛。分布：广西、湖南、云南；越南。

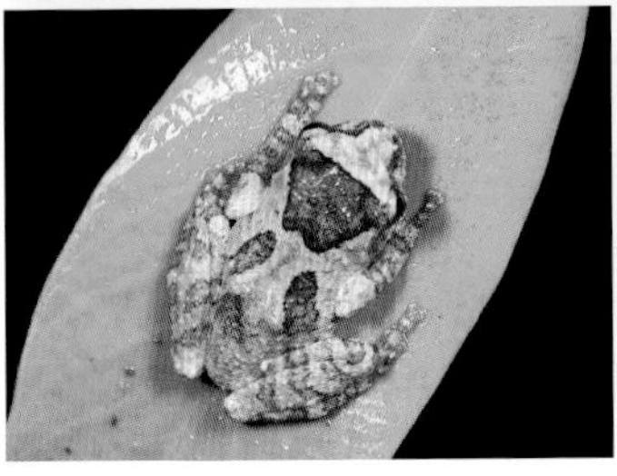

弄岗纤树蛙 *Gracixalus nonggangensis*

雄性体长 3~3.5 cm，雌性略大于雄性。头长略大于头宽。吻棱圆。鼓膜明显。具咽下内声囊。体背部皮肤光滑，体背及体侧呈淡黄橄榄绿色，自两眼间到肩部有 1 个深绿色不规则宽斑，分叉于背部后端。胸部以及腹部乳白色，有棕色斑纹。四肢背面具深灰色较宽横条纹。指趾端膨大，均具吸盘。指间无蹼，趾 1/3 处具蹼。

栖息于 200~500 m 的喀斯特常绿林中灌木及草丛，周围无水体。分布：广西。

原指树蛙属 *Kurixalus*

面天原指树蛙 *Kurixalus idiootocus*（曾用名：面天小树蛙、面天水树蛙；别名：陆卵跳树蛙）

雄性体长 2.6~3 cm，雌性略大于雄性。头宽大于头长。吻尖。眼大而突出。鼓膜小于眼径的 1/2。具单咽下外声囊。头体及四肢背面均有疣粒。体背多为黄褐色或深褐色，两眼之间有 1 个倒置三角形深色斑，其后有“X”或“H”形斑纹。前后肢背面多有横纹。腹面灰褐色或褐色，具深黑褐色云斑。指间具蹼迹，趾间具 2/3 蹼或近全蹼。

栖息于海拔 50~2 000 m 丘陵或山区的林缘或灌丛地带，产卵于落叶层土隙内。分布：中国台湾。

锯腿原指树蛙 *Kurixalus odontotarsus*

雄性体长 2.7~3.7 cm，雌性明显大于雄性，为 4.1~5.2 cm。头长近似等于头宽。吻端有小尖突起，突出于下唇，雌性尤其明显。鼓膜较大，超过眼径的 1/2。雄性具单咽下内声囊。体背面皮肤较粗糙，疣粒较多。背面浅褐色或绿褐色等，两眼间常有 1 条深色横纹。四肢背面具黑褐色横纹，股前、后呈橘红色。腹面灰红色或灰白色，具深灰色或紫黑色圆形或长形斑纹。前臂及后肢跗跖部外侧具锯齿状肤突。指、趾端均具吸盘。指基部微具蹼，趾蹼明显。

栖息于海拔约 1 000 m 的灌木林地带，雄性主要有“啊，啊，啊”和“啾，啾，啾”两种鸣声，前者多用于吸引雌性，后者常见于雄性间争斗。分布：云南、贵州、广西、广东、海南；越南、老挝。

突吻原指树蛙 *Kurixalus naso*

体长约 4.3 cm。头较宽，头宽略大于头长。吻棱明显，吻端有 1 个小突起。鼓膜明显。背面皮肤粗糙，具许多突出的不规则小疣。前臂和跗、跖外缘具锯齿状肤褶。背部绿褐色，具不规则深色斑。指、趾具褐色与灰色相间的横纹。腹面污白色，向后为黑灰色。后肢腹面肉红色。指间有蹼迹，趾间几乎全蹼。

栖息于海拔约 650 m 的溪谷中。分布：西藏（墨脱）。

刘树蛙属 *Liuixalus*

费氏刘树蛙 *Liuixalus feii*

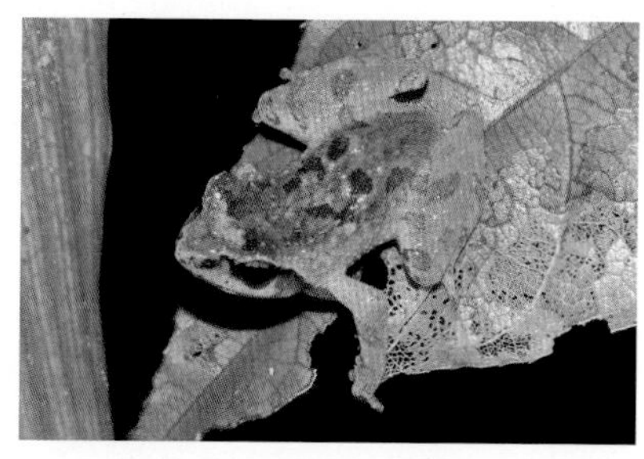

体型小，雌雄性体长均不超过 2 cm。头长略大于头宽。吻端钝尖，吻棱明显，鼻孔稍微隆起。鼓膜明显。背面皮肤光滑，散布疣粒，体侧和眼睑处疣粒明显。体背淡黄褐色或深褐色，具黑褐色“> <”形斑纹或两对斜纹，斑纹为两条棕黑色线条，但在中间不相交。腹面白色。后肢背面具 1~2 条深棕色横条纹。2~4 指端膨大呈吸盘状，趾间吸盘较小。指间无蹼，趾间微蹼。

栖息于海拔 350~800 m 的林区，多见于落叶层，4—10 月可闻其鸣叫，在树洞积水中产卵。分布：广东。

海南刘树蛙 *Liuixalus hainanus*（曾用名：海南小树蛙）

体型小，雄性体长约 1.8 cm。头扁平，头长略大于头宽。吻端钝圆，略突出下唇，吻棱明显。鼓膜圆而明显。具单咽下内声囊。背面皮肤较粗糙，散布有大小不等的疣粒，体侧的疣粒较少。体和四肢背面为棕褐色，其上具不规则的黑褐色斑块或“X”形斑，背中部有 1 个明显的浅棕色椭圆形斑。背面和四肢背面黄白色。指、趾端具吸盘，但趾吸盘相对较小。指间无蹼，趾间蹼不发达。

栖息于海拔约 700 m 的山区流溪边的灌丛和竹林内。

分布：海南。

眼斑刘树蛙 *Liuixalus ocellatus*（曾用名：眼斑小树蛙）

体型小，体长均不超过 2 cm。头长略大于头宽。吻较高，吻端尖，吻棱不明显。鼓膜清晰。具单咽下内声囊。两眼间具 1 个深色倒三角形斑或“V”形斑。背面皮肤较光滑，或多或少散有疣粒。背面多为棕黄色、棕褐色或棕黑色，具黑斑纹，有的个体疣粒为棕红色。眼后枕部有 1 对小黑圆斑。四肢具横纹 1~3 条。腹面浅紫色具褐色细点，腹中部浅绿色。第一指吸盘较小，其余较大。指间无蹼，趾间蹼不发达。

栖息于海拔 400~700 m 山区的竹林间及其附近的落叶处，鸣声短促尖细，带颤音。分布：海南。

十万大山刘树蛙 *Liuixalus shiwandashan*

体长不超过 2 cm，雌性略大于雄性。头长大于头宽。吻棱明显。眼大。鼓膜明显。具单咽下内声囊。体背和体侧黄棕色，背部具连续的黑褐色“> <”形纹或成对的曲折条纹。喉部、胸部及腹部为黄白色无纹，或白色有稀疏黑点。指、趾端具吸盘。指间无蹼，趾间蹼不发达。

栖息于海拔约 1 000 m 的山区。分布：广西。

罗默刘树蛙 *Liuixalus romeri*

体长不超过 2 cm，雌性略大于雄性。外观与饰纹姬蛙略为相似。头小而扁平。吻端钝尖，吻棱明显。鼓膜明显。具单咽下外声囊。体背皮肤平滑，背面多为橄榄褐色或淡黄褐色，两眼后具 1 个三角形斑，背上多有“X”形纹，后接一“∧”形纹，或 1 对曲折“M”形纹，沿背中线对称。四肢背面具深色横纹。腹面白色带金黄色。指、趾端具吸盘。第一、二指间无蹼，第三、四指间微蹼。趾间 1/3 蹼。

栖息于近海边的灌木丛或草地上，一般于静水塘浅水处繁殖。分布：广西、香港、海南。

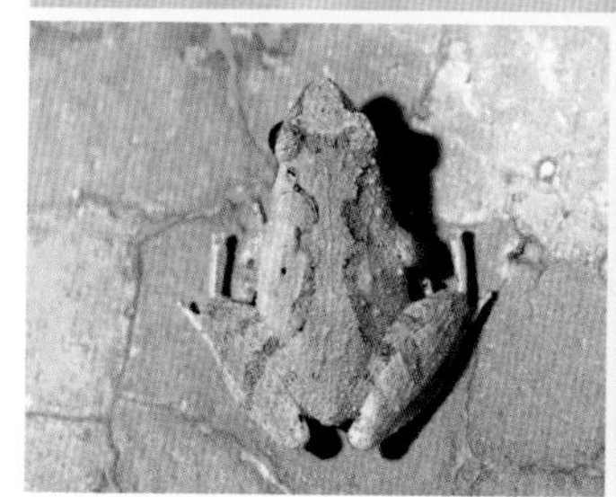

棱鼻树蛙属 *Nasutixalus*

墨脱棱鼻树蛙 *Nasutixalus medogensis*

体型较粗壮，雄性体长约 4.5 cm。头长近似等于头宽。头、眼较大。吻端圆，吻棱明显，在鼻孔处隆起。鼓膜明显，略小于眼径的 1/2。具单咽下外声囊。背面和侧面为绿色和浅棕色相交杂，头背面具 1 个顶点向后的浅棕色三角形斑，体背面具 1 个较宽的“X”形浅棕色斑。腹面除胸部为浅乳黄色外，其余部分呈肉色。虹膜棕黑色，具 1 个黄白色“X”形斑。四肢背面与体背颜色相同，具绿色横纹。指、趾端具吸盘和边缘沟。指间仅有蹼迹，趾间蹼较发达。

栖息于海拔约 1 600 m 的林区，多见于树冠层，在树洞中产卵。分布：西藏（墨脱）。

泛树蛙属 *Polypedates*

斑腿泛树蛙 *Polypedates megacephalus*

雄性体长 4~5 cm，雌性略大于雄性。头宽小于或近似等于头长。吻较长，吻端钝圆或钝尖，吻突出于下唇，吻棱明显，颊面内凹。鼓膜明显。雄性具内声囊。体背皮肤光滑，具细小痣粒。咽胸部具小疣，腹部具大而稠密的疣。体背颜色多为浅棕色、黄棕色、绿褐色等。体背一般具深色“X”形斑或纵条斑。腹面乳白色或乳黄色。咽喉部具褐色斑点。后肢具明显黑褐色横斑。股后具网状斑。指、趾端具吸盘。指间无蹼，趾间蹼弱。外侧间蹼不发达。

栖息于海拔 80~2 200 m 的山区或丘陵，常栖息于稻田、草丛等环境中。分布：香港、广东、福建、广西、海南、湖南、贵州、云南；泰国、柬埔寨、老挝、越南、缅甸等。

布氏泛树蛙 *Polypedates braueri*

雄性体长约 5 cm，雌性大于雄性。头宽大于头长，几乎与身体等宽。吻前端较钝，吻棱明显。鼓膜明显。颞褶明显。体背皮肤光滑，腹部及四肢腹面皮肤较为粗糙。自眼后角开始，身体两侧各具 1 个窄细肤褶。眼眶间具不明显的三角形浅黑色斑纹。体背浅灰色、棕褐色等，散有不规则黑色斑。体侧具较多的黑色斑。腹面皮肤多为黄白色。四肢背面横条纹清晰。指、趾具吸盘，指吸盘大于趾吸盘。股后有多个白斑。与斑腿泛树蛙某些产地个体较为相似，但本种内跖突大且突出，椭圆形，无外跖突。

分布：台湾、福建、江苏、河南、浙江、江西、湖南、安徽、广东、广西、四川、重庆、贵州、云南、西藏。

无声囊泛树蛙 *Polypedates mutus*

雄性体长 5~6 cm，雌性大于雄性。头长大于头宽。吻端尖而突出于下唇，吻棱平置达鼻孔。鼓膜大。雄性无声囊。皮肤光滑。背部布满小痣粒。胸腹部、体侧密布扁平圆疣。体背棕色或棕灰色，多具 6 条明显的深色纵条纹。四肢背面具清晰横条纹。股后方具网状斑纹。腹面多为白色。指端具较大吸盘，第一指吸盘较小。趾端吸盘略小。本种与斑腿泛树蛙较相似，但头较细长，吻较尖，雄性无声囊。

栖息于海拔 340~1 100 m 的丘陵、山区，多栖息于水塘、稻田附近。分布：云南、贵州、海南、广西、重庆；缅甸、老挝、越南、泰国。

凹顶泛树蛙 *Polypedates impresus*

雌性体长 5~7.5 cm，雌性略大于雄性。头扁平，头长近似等于头宽，头顶下凹明显。吻端钝尖，略超过下颌，吻棱显著。上唇缘白色。具单咽下内声囊。颞部具 1 条棕色横纹。背面平滑。咽胸部较平滑。胸腹部和股腹部密布扁平疣。背面浅棕色，体背、体侧大多无斑。四肢背面均具深色横纹。腹面乳白或乳黄色，仅咽喉部具少量褐色斑点。指、趾均具吸盘和边缘沟。指细长无蹼，趾间半蹼。

栖息于海拔约 850 m 的河谷旁丘陵环境中。分布：云南、广西。

灌树蛙属 *Raorchestes*

勐腊灌树蛙 *Raorchestes menglaensis*

体型小，雄性体长 1.5~1.8 cm，雌性略大于雄性。头较大，头长近似等于头宽。吻端钝圆，吻棱不明显。鼓膜多不清晰。具单咽下内声囊。背面皮肤较粗糙，具大小疣粒。背面多为灰白色或浅灰棕色，少数雄性色较深。眼间至枕后具深色倒置的三角斑。胯部有 1 个明显的黑色斑块。四肢上有褐黑色横纹 1~3 条。指、趾吸盘不呈橘红色。指间无蹼，趾间具蹼迹或 1/4 蹼。

栖息于海拔 850~1 100 m 山溪附近的灌丛中，常匍匐于叶片上。分布：云南；越南。

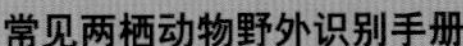

棱皮树蛙属 *Theloderma*

红吸盘棱皮树蛙 *Theloderma rhododiscus*

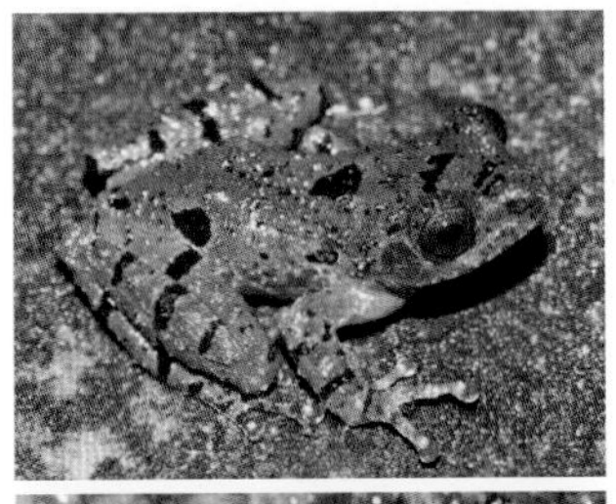

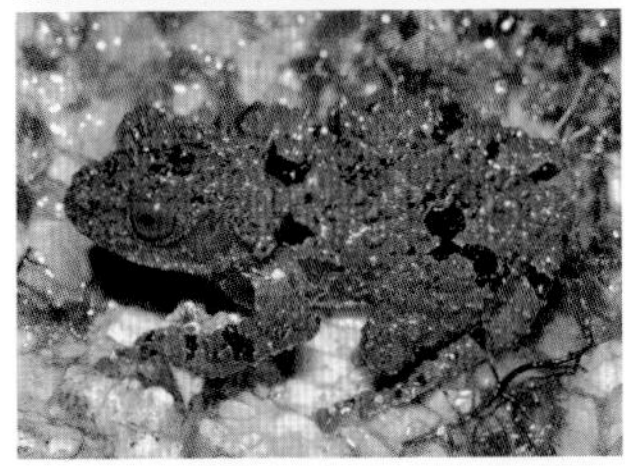

雄性体长 2.5~2.7 cm，雌性略大于雄性。头长略大于头宽。吻棱明显。鼓膜明显，紧贴后眼角。无声囊。虹膜褐色。背面皮肤粗糙，满布由白色疣粒排列形成的网状肤棱；背面茶褐色，在鼻眼之间、两眼间、背正中、肩上方及体侧近胯部各有 1 个黑色斑。腹面灰白色，具大块连续的黑褐色花纹。四肢背面各具 1~3 条黑褐色横纹。指、趾吸盘为鲜红色或橘红色。

栖息于海拔约 1 300 m 山区林间的静水塘及其附近。分布：云南、广东、广西、江西、湖南；越南。

棘棱皮树蛙 *Theloderma moloch*

体长 4.1 cm 左右。头宽大于头长。鼓膜明显，约为眼径 2/3。虹膜红棕色。体背及四肢背面疣粒极其突出，纵向或斜向排列而略形成锯齿状的肤棱，其中头背、头侧及四肢背面的疣粒呈鲜红色或橘黄色。背面灰色，上有黑斑点。腋部有 1 个白色斑。指间无蹼，趾间具 3/4 蹼。指、趾端具吸盘。

栖息于海拔 650 m 的热带雨林，成体和蝌蚪多见于朽木堆下积水处。分布：西藏（墨脱）。

白斑棱皮树蛙 *Theloderma albopunctatum*

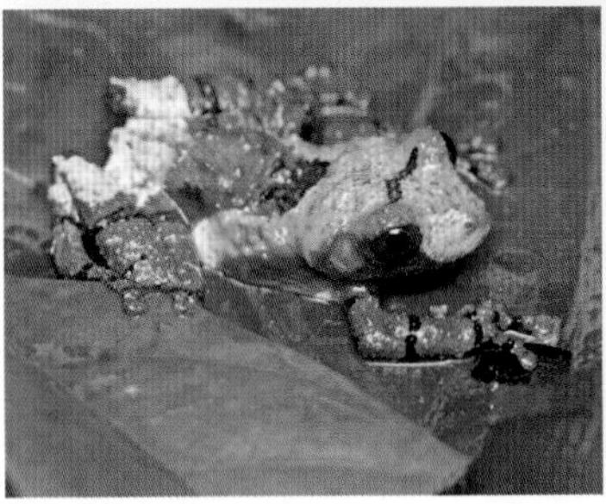

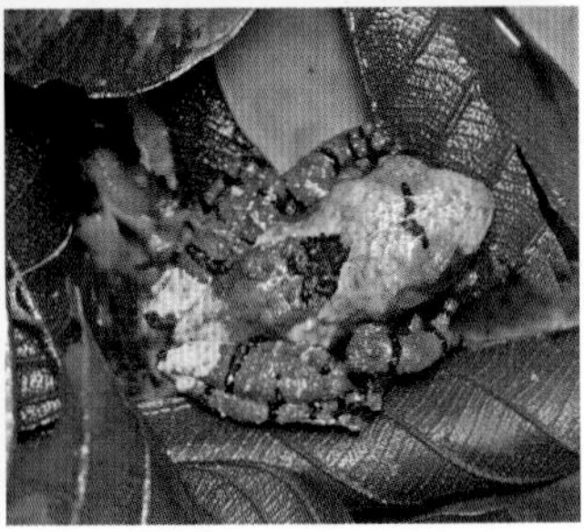

体长约3.3 cm。头长略大于头宽。吻端高，不突出于下唇缘，吻棱不明显。鼓膜清晰。具1对咽侧下内声囊。虹膜红褐色。背面皮肤较光滑，头体及四肢背面具痣粒。背部黑褐色。背面的斑纹颇为醒目，吻部、背前部及肛部上方各有1块较大白色斑，背前方最大，自眼后延伸至胯部，略呈"∧"形。白色斑上或具褐黄色条纹。四肢褐黄色，具黑色横纹，其间具很细的白线纹。股部末端及胫跗关节处也具较宽的白色斑。

栖息于海拔1 350 m左右的林区，拟态呈鸟粪状。分布：云南、广西；越南。

背崩棱皮树蛙 *Theloderma baibengense*（曾用名：背崩水树蛙）

雄性体长仅 1.5 cm。头长略大于头宽。吻端高，略突出于下唇，吻棱不明显。鼓膜清晰。具 1 对咽侧下内声囊。体背面皮肤光滑，有孔状小点，四肢背面具不明显的痣粒。虹膜红色。背面具污白色和黑色相间的醒目斑纹，头部背面和体背前部几乎全为白色。体背中部的白色斑斜向体两侧，在体后部形成 1 个菱形黑色斑。后肢折叠时胫后部白色与体后端白色斑相对接。指、趾端有深红褐色吸盘。指间无蹼，外侧 3 趾间蹼较发达。

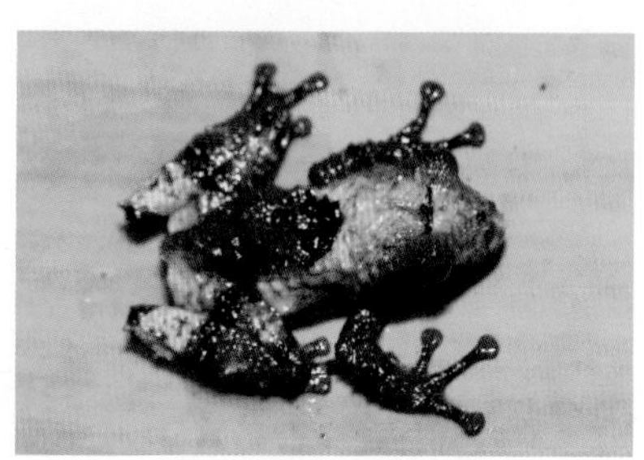

栖息于海拔约 850 m 的山间沟谷内，多见于竹林，鸣声为飘忽的“嘘”声，间隔十余秒或数十秒，似哨音或鸟鸣，拟态呈鸟粪状，以逃避天敌捕食。分布：西藏（墨脱）；印度。

北部湾棱皮树蛙 *Theloderma corticale*（曾用名：广西棱皮树蛙）

体扁平，雄性体长 6 cm。头长大于头宽。吻圆而高，吻棱明显。鼓膜明显。无声囊。全身背面满布显著隆起的红、绿色大小疣粒，疣粒上具成簇的小痣粒。背面鲜绿色或暗绿色，具不规则的深橘红色或紫红色斑点。头侧和体侧浅绿色。四肢背面具橘红色与绿色相间的横纹。腹面布满浅绿色与紫褐色相间的云斑。指、趾端具吸盘。指、趾吸盘和趾间蹼浅绿色。趾间蹼较发达。

栖息于海拔约 1 350 m 阴暗潮湿、林木繁茂的山区落叶层，拟态苔藓。分布：广东、广西、海南；越南、老挝。

姬蛙科 Microhylidae　姬蛙属 *Microhyla*

小弧斑姬蛙 *Microhyla heymonsi*

体长 2~2.5 cm。头长近似等于头宽。吻棱明显。背面皮肤较光滑。背部灰绿色、浅褐色或紫灰色，正中央具 1 条浅黄褐色脊线。脊线上具 1~2 对黑色弧形斑。体两侧具纵行深色条纹。腹部乳白色。咽部和四肢腹面具深褐色斑文。四肢背面深色斜条纹。指末端具小吸盘，趾吸盘大于指吸盘。

栖息于海拔 1 500 m 以下的山区稻田、水坑、沼泽等环境中，多为穴居，雄性鸣声为低而慢的“嘎，嘎”声。分布：我国长江以南诸省；东南亚。

花姬蛙 *Microhyla pulchra*

雄性体长 2.3~3.2 cm，雌性体长 2.8~3.7 cm。头小。吻棱不明显。皮肤光滑，背部淡红棕色，后半部具棕褐色和浅棕色相叠的“∧”形纹。肛周边具较大圆形或不规则形状黑色斑。腹部乳白色，雄性咽胸部灰黑色。胯部及股前后多为浅黄色。指、趾端无吸盘。

栖息于海拔 1 350 m 以下的平原、丘陵和山区，雄性鸣声洪亮清脆。分布：云南、贵州、湖南、福建、江西、浙江、广东、广西、香港、澳门、海南；印度、泰国。

饰纹姬蛙 *Microhyla fissipes*

雄性体长 2~2.5 cm，雌性略大于雄性。头小，头长近似等于头宽。吻端尖，吻棱不明显。鼓膜不明显。具侧单咽下外声囊。背部皮肤粗糙，具许多小疣粒，一些个体体表散有小红疣粒。背面颜色多为淡红棕色、灰绿色或浅褐色，上有 2 个深棕色“∧”形斑，前后排列。腹面白色。指、趾端均无吸盘。

栖息于海拔 1400 m 以下的平原、丘陵等环境中，多为穴居，雄性鸣声为慢而低沉的“嘎，嘎”声。分布：河南、山西、甘肃、四川、重庆、云南、贵州、湖北、安徽、江苏、浙江、上海、江西、湖南、福建、台湾、广东、香港、澳门、广西、海南；缅甸、泰国、柬埔寨、越南等。

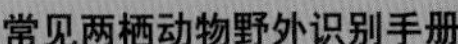

合征姬蛙 *Microhyla mixtura*

体长约2.5 cm，雌性略大于雄性。头小，头宽大于头长。吻棱明显。两眼后方具1条深棕色倒三角纹，后接背中央1条较宽大的、近似三角形深色斑纹，共同组成1条完整、对称的大斑纹，后端多向斜后方伸出达胯部。指端无吸盘而趾端有吸盘。趾间微蹼。

栖息于海拔1 700 m以下的山区、农田等环境中，多为穴居，雄性鸣声略带弹音。分布：四川、河南、安徽、江西等。

北仑姬蛙 *Microhyla beilunensis*

体型较小，体长 2~3 cm。头小，头宽略大于头长。体背灰棕色，斑纹为深棕色，镶以浅黄棕色边缘。眼后有 1 个蝴蝶形斑，背部两侧有 3 对深棕色斜条纹。指端无吸盘，趾端有吸盘。趾间仅有蹼迹。

栖息于海拔约 1 400 m 的山区。分布：浙江。

粗皮姬蛙 *Microhyla butleri*

体型小，体长2~2.5 cm。头宽大于头长。吻端钝尖，吻棱不明显。背部皮肤粗糙，具排成纵行的长形红色小疣粒。体背及四肢背面灰色或灰棕色，背部具深褐色大黑斑，自眼间内侧向后延伸，贯穿背中部一直延伸至胯部。腹面白色。指、趾端具小吸盘。

栖息于海拔1 300 m以下的山区，多见于山坡水田、水坑旁的草丛中，雄性鸣声为“歪！歪！”分布：我国南方各省；马来半岛、缅甸、越南、印度。

缅甸姬蛙 *Microhyla berdmorei*

体型较大，体长 3~4 cm。头宽略大于头长。吻棱不明显。皮肤粗糙，头部、耳后及背部具较多圆疣粒，但不排成纵行。体背红褐色或灰褐色，两眼后具深棕色倒三角纹，自眼下方至前肢基部有 1 条较宽的乳白色斜条纹。体侧有斜黑色斑。四肢具深色横条纹。指端圆，略膨大。趾端吸盘明显。趾蹼发达。

栖息于海拔约 600 m 的林地等环境中。分布：云南；缅甸、印度、孟加拉国、泰国、老挝、越南。

小姬蛙属 *Micryletta*

德力小姬蛙 *Micryletta inornata*

雄性体长约 2.2 cm，雌性略大于雄性。头宽大于头长。吻端圆钝。皮肤较平滑，散布有大小不等的疣粒。背脊中央有 1 条细脊状隆起。雄性腹面多具小痣粒。背面灰褐色或浅褐色，其上具大小不一的黑色斑。自吻端至两肋深褐色条纹。鼻眼下方至肩部有 1 条纵行浅色纹。四肢细长，四肢背面与体背同色，四肢腹面灰白色，无斑纹。

栖息于海拔约 500 m 的山区。分布：云南、广西、海南；马来西亚、印度尼西亚、缅甸、泰国、老挝、柬埔寨。

狭口蛙属 *Kaloula*

北方狭口蛙 *Kaloula borealis*

体长一般不超过 5 cm，雌性略大于雄性。头宽大于头长。吻短而圆，吻棱不明显。鼓膜隐蔽。具单咽下外声囊。皮肤光滑，背部疣粒较少。体黄褐色或深褐色，具零散的不规则黑斑。体侧多具连续的黄色网状斑。腹面浅紫棕色。四肢短小。指间无蹼，趾间约 1/3 蹼。

栖息于海拔 1 200 m 以下的平原及山区丘陵环境中，城市公园中亦可见到，多在夏季大雨过后的夜里聚集繁殖，有爬树习性，雄性鸣声为沉闷的“啊——”声。分布：辽宁、吉林、黑龙江、北京、河北、天津、山西、陕西、山东、江苏、安徽、河南、湖北等；朝鲜、俄罗斯。

四川狭口蛙 *Kaloula rugifera*

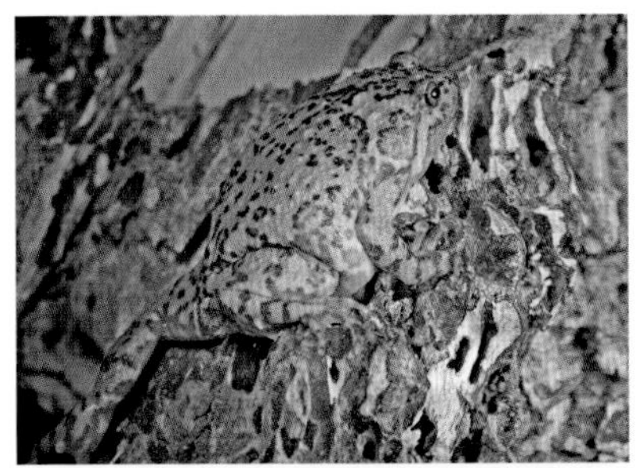

体长 3.5~5.5 cm，雌性略大于雄性。外观与北方狭口蛙相似，但本种体背的小圆疣、黑色斑较多，体侧无浅黄色网状斑纹。

栖息于海拔 500~1 200 m 的平原和山区。分布：四川、甘肃。

多疣狭口蛙 *Kaloula verrucosa*

雌性体长 4~5 cm，雄性小于雌性。外观与北方狭口蛙相似，但本种体背皮肤粗糙，头部、眼后及背部疣粒较多。

栖息于海拔 1 400~2 400 m 的山区，城市郊区也可见到，叫声沉闷。分布：云南、贵州。

花狭口蛙 *Kaloula pulchra*

体型较肥大，体长最长可达7.7 cm。头小，头宽大于头长。吻端而钝圆，吻棱不明显。鼓膜不明显。具单咽下外声囊。体背棕褐色或深褐色，两侧各具1条较宽的黄色条纹，条纹边缘深色，从眼后延伸至胯部。两眼间具1条宽横纹，颜色与体背两侧横纹相同。腹面浅棕黄色或肉色。四肢较为粗壮，背面无横纹。

栖息于海拔150 m以下平原地区，3—6月繁殖季节雄性发出响亮鸣叫，声如牛叫。分布：云南、广东、广西、海南、福建、香港、澳门；东南亚。

细狭口蛙属 *Kalophrynus*

花细狭口蛙 *Kalophrynus interlineatus*

雄性体长 3~4 cm，雌性略大于雄性。头较宽扁，头顶平坦，头长近似等于头宽。吻尖，吻棱明显，吻端突出于下唇。鼓膜隐蔽。具单咽下外声囊。皮肤粗糙，布满均匀的小扁平疣。背面颜色变异较大，多为棕灰色或黄褐色等，具排列整齐的深褐色细碎小斑块，在体前方至头后汇集成 4 列对称的条纹。体侧色较深。四肢短小，背面有深色横纹或斑块。

栖息于海拔 300 m 以下的平原、丘陵地区，多见于住宅或农田等环境中，鸣声单一而洪亮。分布：云南、广东、海南、广西、香港；缅甸、老挝、柬埔寨、越南。

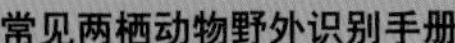

小狭口蛙属 *Glyphoglossus*

云南小狭口蛙 *Glyphoglossus yunnanensis*

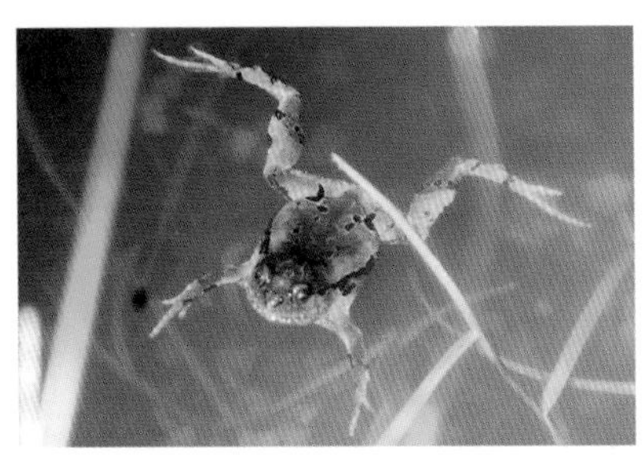

雄性体长 3~3.5 cm，雌性体长 4~5 cm。头小，头宽大于头长。吻短而圆，吻棱明显。鼓膜明显。具单咽下外声囊。皮肤粗糙，背部具细长痣粒。背面棕黄色或黄色，具对称的深棕色斑纹，斑纹形状变异较大，外缘多镶以黄色纹。一些个体胯部有 1~2 对黑色大圆斑。腹部色浅，具深棕色云斑。后肢粗壮。指间无蹼，趾间蹼较发达。

栖息于海拔 1 900~3 100 m 的山区，多在大雨后夜晚聚集在水坑或稻田内繁殖，雄性发出“哇—哇”鸣声。分布：四川、云南、贵州；越南。

附录

引进及入侵种

美洲牛蛙 *Lithobates catesbeianus*

非洲牛箱头蛙（非洲牛蛙）*Pyxicephalus adspersus*

南美角花蟾（绿角蛙）*Ceratophrys cranwelli*

白化个体

纹角花蟾（钟角蛙）*Ceratophrys ornata*

散疣短头蛙（馒头蛙）*Breviceps adspersus*

蔗蟾蜍（海蟾蜍）*Rhinella marina*

爪蟾（白化个体）*Xenopus laevis*

猫眼珍珠蛙（小丑蛙）*Lepidobatrachus llanensis*

山角蟾（三角枯叶蛙）*Megophrys nasuta*

火蝾螈 *Salamandra salamandra*

墨西哥钝口螈（白化及白变异个体）*Ambystoma mexicanum*

虎纹蝾螈 *Ambystoma tigrinum*

图片摄影（排名不分先后）

谢伟亮 秉志肥螈、黑斑肥螈、猫儿山小鲵、淡肩角蟾、高山掌突蟾、乐东蟾蜍、虎纹蛙、泽陆蛙、海陆蛙、脆皮大头蛙、北蟾舌蛙、尖舌浮蛙、长肢林蛙、花臭蛙、滇南臭蛙、圆斑臭蛙、白斑棱皮树蛙、北部湾棱皮树蛙、凹顶泛树蛙、锯腿原指树蛙、金秀纤树蛙、抚华费树蛙、侧条费树蛙、黑蹼树蛙、白线树蛙、粗皮姬蛙、花细狭口蛙

周佳俊 安吉小鲵、义乌小鲵、商城肥鲵、秉志肥螈、红瘰疣螈、海南疣螈、大别疣螈、川南疣螈、棕黑疣螈、琉球棘螈、镇海棘螈、蓝尾蝾螈、灰蓝蝾螈、高山棘螈、宽脊疣螈、织金瘰螈、橙脊瘰螈、丽水树蛙、崇安髭蟾、海南拟髭蟾、天目臭蛙、华南雨蛙、天台粗皮蛙、潮汕蝾螈、安徽树蛙、吉林爪鲵

吕植桐 云开掌突蟾、越南趾沟蛙、白刺湍蛙、棘皮湍蛙、仙琴蛙、南昆山琴蛙、海南琴蛙、茅索水蛙、黑带水蛙、无指盘臭蛙、光雾臭蛙、合江臭蛙、鸭嘴竹叶蛙、竹叶臭蛙、安子山臭蛙、经甫树蛙、费氏刘树蛙、弄岗纤树蛙、富钟瘰螈、大蹼铃蟾、福建掌突蟾、峨眉齿蟾、南江齿蟾、疣刺齿蟾、小口拟角蟾、尾突角蟾、井冈角蟾、雨神角蟾、峨眉角蟾、桑植角蟾、武夷湍蛙、细刺水蛙、北圻臭蛙、封开臭蛙、棕褶树蛙、广东纤树蛙、井冈纤树蛙、海南溪树蛙、红吸盘棱皮树蛙、缅甸姬蛙

王　健 刘氏掌突蟾、墨脱角蟾、陈氏角蟾、莽山角蟾、棘侧蛙、桑植趾沟蛙、长肢林蛙、白刺湍蛙、海南湍蛙、细刺水蛙、安龙臭蛙、荔浦臭蛙、宜章臭蛙、无声囊泛树蛙、侧条费树蛙、海南刘树蛙、小口拟角蟾、淡肩角蟾、井冈角蟾、南澳岛角蟾、挂墩角蟾、景东角蟾、福建掌突蟾、腹斑掌突蟾、脆皮大头蛙、福建大头蛙、小湍蛙、勐腊水蛙、云南臭蛙、海南臭蛙、抚华费树蛙、黑眼睑纤树蛙、广东纤树蛙、锯腿原指树蛙

郑　声 崇安髭蟾、海南拟髭蟾、莽山角蟾、崇安湍蛙、封开臭蛙、大绿臭蛙、十万大山刘树蛙、黑眼睑纤树蛙、峨眉树蛙、花细狭口蛙、背条螳臂树蛙

李　飏 棕黑疣螈、平顶短腿蟾、巫山角蟾、版纳大头蛙、昭觉林蛙、滇蛙、景东臭蛙、绿背树蛙、白颊费树蛙、缅甸姬蛙

刘　晔 极北鲵、胫腺蛙、林芝湍蛙、贡山齿突蟾、阔褶水蛙、无指盘臭蛙、大绿臭蛙、务川臭蛙、宝兴树蛙、花姬蛙

王聿凡 版纳鱼螈、墨脱舌突蛙、北蟾舌蛙、脆皮大头蛙、海南湍蛙、武夷湍蛙、天目臭蛙、淡肩角蟾、丽水角蟾、北仑姬蛙、海南臭蛙、波普拟髭蟾、西藏舌突蛙、小竹叶蛙、背崩棱皮树蛙、天台粗皮蛙、棘臂蛙、高山倭蛙、三港雨蛙、棘棱皮树蛙、花细狭口蛙、墨脱棱皮树蛙

程文达 勐腊水蛙、黑蹼树蛙、壮溪树蛙、观雾小鲵、台湾树蛙、面天原指树蛙、白斑棱皮树蛙、翡翠树蛙、缅甸姬蛙、盘谷蟾蜍、刘氏泰诺蛙、圆舌浮蛙、红蹼树蛙、德力小姬蛙

石胜超 金顶齿突蟾、刺胸齿突蟾、峨眉齿蟾、无蹼齿蟾、宝兴齿蟾、大齿蟾、炳灵角蟾、大蹼铃蟾

王　剑 云南臭蛙、滇南臭蛙、棕褶树蛙、勐腊灌树蛙、华深拟髭蟾、版纳大头蛙、抚华费树蛙、棘肛蛙

赵海鹏 文县疣螈、黄斑拟小鲵、太行隆肛蛙、叶氏隆肛蛙、花臭蛙、天目臭蛙、利川铃蟾、昭平雨蛙

金　黎 版纳鱼螈、义乌小鲵、东方蝾螈、中国瘰螈、中华蟾蜍、中国雨蛙、金秀纤树蛙

李辰亮 山溪鲵、中国小鲵、桑植趾沟蛙、桑植角蟾、花臭蛙、湖北侧褶蛙、经甫树蛙

齐　硕 辽宁爪鲵、棘臂蛙、大吉岭臭蛙、高山倭蛙、隆子棘蛙、林芝湍蛙、四川湍蛙

王　刚 景东齿蟾、大齿蟾、点斑齿蟾、凉北齿蟾、合征姬蛙、仙琴蛙

严　莹 珀普短腿蟾、红蹼树蛙、细刺水蛙、猫儿山林蛙、红吸盘棱皮树蛙、普洱树蛙

姚　晔 棘胸蛙、虎纹蛙、镇海林蛙、大树蛙、斑腿泛树蛙

陈亮俊 小湍蛙、台北纤蛙 罗默刘树蛙 粗皮姬蛙

李仕泽 龙胜臭蛙、贵州疣螈、务川臭蛙、雷山髭蟾、寒露林蛙

缪靖翎（美丽科学） 四川狭口蛙、红点齿蟾、费氏角蟾、沙坝湍蛙、背崩棱皮树蛙

袁　屏 高原林蛙、细刺水蛙、凹耳臭蛙、棘腹蛙、小弧斑姬蛙

李　成 北蟾舌蛙、西藏舌突蛙、红吸盘棱皮树蛙

王吉申 秦巴巴鲵、太白山溪鲵、宁陕齿突蟾、东方铃蟾

袁智勇 广西瘰螈、云雾瘰螈、七溪岭瘰螈、吴氏肥螈

付　超 竹叶蛙、眼斑刘树蛙、华深拟髭蟾

谷　峰 红蹼树蛙、海南刘树蛙、华西雨蛙

宋　阳 长趾纤蛙、秦岭雨蛙、尖舌浮蛙、虎纹蛙

余文博 圆斑臭蛙、勐腊水蛙、棕褶树蛙

巫嘉伟（西南山地）小角蟾、阔褶水蛙、面天原指树蛙

张　亮 乐东蟾蜍、细痣疣螈、长趾纤蛙、莽山角蟾

张巍巍 无声囊泛树蛙、南美角花蟾、美洲牛蛙

郑　洋 海南湍蛙、黑蹼树蛙、小弧斑姬蛙

黄黎晗 丽水树蛙、小湍蛙、德力小姬蛙

刘家斌 峨眉林蛙、四川湍蛙、泽陆蛙

彭　博 三港雨蛙、大树蛙、花背蟾蜍

丁　利 横纹树蛙、隆肛蛙

姜中文 绿点湍蛙、红蹼树蛙、棕黑疣螈

陆建树 蓝面树蛙、弓斑肥螈

孙家杰 花臭蛙、华南湍蛙

王　瑞 塔里木蟾蜍、中亚侧褶蛙

王彦春 中亚侧褶蛙、司徒蟾蜍

万绍平 合征姬蛙、井冈山角蟾

武　其 北方狭口蛙、墨西哥钝口螈

杨剑焕 腾冲掌突蟾、香港湍蛙

张路杨 金线侧褶蛙、中国林蛙

郑渝池 雷山髭蟾、微蹼铃蟾

曹　强 巫山角蟾

陈　尽 哀牢髭蟾

葛陆源 黄山角蟾

龚　理 黄斑肥螈

郭水泉 台北树蛙

黄亚慧 新疆北鲵

黄亚洲 巫山巴鲵

江華章 台湾树蛙

景文涛 猫眼珍珠蛙

李永浩 云南小狭口蛙

李　昭 黑眶蟾蜍

刘开明 康县隆肛蛙

刘富国 巫山巴鲵

龙　杰 峨眉林蛙

朴永泽 福鼎蝾螈

沈 岩 缅甸树蛙

郑秋旸 缅甸树蛙

苏 岩 饰纹角花蟾

孙若磊 大别山林蛙

汪 阗 红瘰疣螈

王传齐 日本溪树蛙

王疆评 西藏山溪鲵

吴 超 吴氏齿突蟾

谢 江 林芝齿突蟾

邢 睿 中亚林蛙

行摄自然 花狭口蛙

徐 阳 金线侧褶蛙

许济南 九龙棘蛙

杨宝田 昆嵛林蛙

张钧铎 南美角花蟾

朱弼成 无斑雨蛙

朱浩文 罗默刘树蛙

黄耀华 棕点湍蛙、凉北齿蟾

赵 宏 西藏山溪鲵

赵 健 平疣湍蛙

钟悦陶 猫儿山小鲵

朱建青 司徒蟾蜍

雷 隽 蔗蟾蜍、火蝾螈

郑 星 崇安髭蟾瑶山亚种

Andreas Nollert 田野林蛙

Kevin Messenger 雨神角蟾

图鉴系列

中国昆虫生态大图鉴（第 2 版） 张巍巍 李元胜
中国鸟类生态大图鉴 郭冬生 张正旺
中国蜘蛛生态大图鉴 张志升 王露雨
中国蜻蜓大图鉴 张浩淼
青藏高原野花大图鉴 牛 洋 王 辰 彭建生
中国蝴蝶生活史图鉴 朱建青 谷 宇 陈志兵 陈嘉霖
常见园林植物识别图鉴（第 2 版） 吴棣飞 尤志勉
药用植物生态图鉴 赵素云
凝固的时空——琥珀中的昆虫及其他无脊椎动物 张巍巍

野外识别手册系列

常见昆虫野外识别手册 张巍巍
常见鸟类野外识别手册（第 2 版） 郭冬生
常见植物野外识别手册 刘全儒 王 辰
常见蝴蝶野外识别手册 黄 灏 张巍巍
常见蘑菇野外识别手册 肖 波 范宇光
常见蜘蛛野外识别手册（第 2 版） 王露雨 张志升
常见南方野花识别手册 江 珊
常见天牛野外识别手册 林美英
常见蜗牛野外识别手册 吴 岷
常见海滨动物野外识别手册 刘文亮 严 莹
常见爬行动物野外识别手册 齐 硕
常见蜻蜓野外识别手册 张浩淼
常见螽斯蟋蟀野外识别手册 何祝清
常见两栖动物野外识别手册 史静耸
常见椿象野外识别手册 王建赟 陈 卓
常见海贝野外识别手册 陈志云
常见螳螂野外识别手册 吴 超

中国植物园图鉴系列

华南植物园导赏图鉴 徐晔春 龚 理 杨凤玺

自然观察手册系列

云与大气现象 张 超 王燕平 王 辰
天体与天象 朱 江
中国常见古生物化石 唐永刚 邢立达
矿物与宝石 朱 江
岩石与地貌 朱 江

好奇心单本

昆虫之美：精灵物语（第 4 版） 李元胜
昆虫之美：雨林秘境（第 2 版） 李元胜
昆虫之美：勐海寻虫记 李元胜
昆虫家谱 张巍巍
与万物同行 李元胜
旷野的诗意：李元胜博物旅行笔记 李元胜
夜色中的精灵 钟 茗 奚劲梅
蜜蜂邮花 王荫长 张巍巍 缪晓青
嘎嘎老师的昆虫观察记 林义祥（嘎嘎）
尊贵的雪花 王燕平 张 超

野外识别手册丛书

好　奇　心　书　系

YEWAI SHIBIE SHOUCE CONGSHU

百名生物学家以十余年之功，倾力打造出的野外观察实战工具书，帮助你简明、高效地识别大自然中的各类常见物种。问世以来在各种平台霸榜，已成为自然爱好者所依赖的经典系列口袋书。

好奇心书书系·野外识别手册丛书

常见昆虫野外识别手册
常见鸟类野外识别手册（第2版）
常见植物野外识别手册
常见蝴蝶野外识别手册（第2版）
常见蘑菇野外识别手册
常见蜘蛛野外识别手册（第2版）
常见南方野花识别手册
常见天牛野外识别手册
常见蜗牛野外识别手册
常见海滨动物野外识别手册
常见爬行动物野外识别手册
常见蜻蜓野外识别手册
常见螽斯蟋蟀野外识别手册
常见两栖动物野外识别手册
常见椿象野外识别手册
常见海贝野外识别手册
常见螳螂野外识别手册